三维图解建筑构法

［日］ 松村秀一　编著

小见康夫　著

清家　刚

平泽岳人

名取　发

吴东航　译

邵　磊　校

中国建筑工业出版社

著作权合同登记图字：01-2017-0284

图书在版编目（CIP）数据

三维图解建筑构法／（日）松村秀一编著；吴东航译.
—北京：中国建筑工业出版社，2017.1
ISBN 978-7-112-19990-7

Ⅰ.①三… Ⅱ.①松… ②吴… Ⅲ.①建筑结构
Ⅳ.① TU3

中国版本图书馆CIP数据核字（2016）第244647号

原　著：「３Ｄ図解による建築構法」（初版出版：2014年3月）」
著　者：松村秀一ほか４名
出版社：日本語版　　株式会社　市ケ谷出版社
　　　　中国語版　中国建築工業出版社

本书由日本市谷出版社授权独家翻译、出版、发行。

责任编辑：刘婷婷　刘文昕
责任校对：王宇枢　姜小莲

三维图解建筑构法

[日]松村秀一　编著

小见康夫　清家刚　平泽岳人　名取发　著

吴东航　译

邵　磊　校

*

中国建筑工业出版社出版、发行（北京海淀三里河路9号）

各地新华书店、建筑书店经销

北京锋尚制版有限公司制版

北京中科印刷有限公司印刷

*

开本：787×1092毫米　1/16　印张：11　字数：285千字
2017年5月第一版　　2017年5月第一次印刷
定价：45.00元
ISBN 978-7-112-19990-7
（27477）

前言

建筑构法是建筑物的物理上的构成方法。

建筑物的本质之一是物质的构成，从事建筑物的设计或施工都不能缺少建筑构法的知识。因此，对于建筑专业的学生来说，建筑构法是基本中的基本，在大学或专业学校的建筑系里都开有关于建筑构法的专业课。但是，课程的名称除了"建筑构法"以外，也有被称为"一般构造"或"构造概论"等。

本书是为学习建筑构法而编写的教科书。

包括我在内的执笔者，都是多年在大学里从事建筑构法的专业教育和研究的成员。由于建筑构法所涉及的对象和内容非常广泛，最初我们收集了大量的内容和实例，但由此会成为数百页厚的书，难以适用于大学一般为两个学期的课程。

为此，本书以通俗易懂的语言和图例，归纳和解说了建筑构法的基础知识以及现今日本普遍采用的构法事例，有利于建筑专业低年级学生的学习和理解，由此为今后更广泛地理解古今内外的建筑构法、提高知识水平和技术能力打好坚实的基础。

立体地对建筑物的构成进行理解对建筑构法的学习非常重要。建筑设计里一般描画的截面详细图和平面详细图，对于还缺乏建筑构法知识的低年级学生来说不容易理解。为此，本书登载了大量的构法三维立体图。为制作这些立体图我们付出了诸多辛劳，但同时，也为制作出在通俗易懂的意义上优于同类书的教科书而感到骄傲。

我们殷切期望学生们通过对本书的学习，切实掌握建筑构法的知识和思想方法，在此基础上学习建筑专业的其他科目和进行建筑设计实习，其成果最终能反映在将来的建筑设计或施工的工作中。

松村秀一

译者序

"建筑构法"是日本建筑专业的基础教程，基本上相当于国内的"建筑构造"课。本书的原著是"建筑构法"的新版教科书，所传授的是日本现行的建筑体系和普遍采用的技术。

该教程的倡导者、原日本建筑学会会长内田祥哉先生在1981年《建筑构法》初版的前言里，明确了其教育目的和范畴："建筑构法"面向建筑专业的学生或入门者，将建筑实体与建筑技术相结合，从全方位讲授建筑物的构成和构造原理，帮助读者在深入学习高度的专业知识之前，对建筑技术的总体以及内在的相互关系进行全面的、均衡的、概略的学习。其内容包括结构形式、材料、装修、生产、施工等方面，既以有代表性的现代构法为中心，还应涉及到传统构法和工业化构法中最为先进的部分。

作为《建筑构法》的后继教材的本书的编著者，是内田祥哉研究室的继承人、现任日本建筑学会副会长的松村秀一先生。松村先生在书的第一章第一节把"建筑构法"定义为关于建筑的**物理构成方法的学问**。围绕着这个中心，本书以大量的立体图例，深入浅出地展开了对建筑物构成和建筑技术原理的解说。

日本的建筑工业化以及高品质、高耐久建筑的实现，很大程度归功于对建筑物和建筑技术的基本原理进行的建筑构法的研究和总结，以及对此进行的坚实的基础教育。"建筑构法"教育的倡导者内田祥哉先生是日本建筑工业化的泰斗，本书编著者的松村秀一先生也是现在日本首屈一指的权威。译者将本书翻译和介绍到国内，试图从土壤和草根的层面提供一点可吸取的养分，也为中日两国之间的建筑教育交流添砖加瓦。

本书的编著者松村秀一先生是译者在日的导师，著者们也都是译者在日的师兄弟，将本书翻译介绍到中国，蕴含着对他们的成果的敬意。以翻译出版教科书来促进中日建筑教育的交流也是译者到清华大学任教时的合作计划之一，邵磊副教授也为这次的出版担任校核，在此向清华大学和邵老师深表谢意！此外，翻译出版还离不开中国建筑工业出版社的刘文昕，刘婷婷编辑的大力支持和辛勤工作，在此表示感谢！

吴东航

本书的使用方法

本书是以建筑专业的低年级学生为主要对象，设想为大学本科的低年级或建筑专业学校的入学阶段开的课程而编写的教科书。

全书由8章30节构成，作为一年的课来安排的话，大概为每节课一节的进度。

第1章是全书的导引，从各个角度阐述对建筑构法的概论。

第2章是基础的构法，从建筑物最底部的地基和基础开始切入。

第3章至第7章是建筑上部的结构，以不同的结构种类分章解说构法。

其他的建筑构法的教科书，也有把"结构构法"与包括楼地板、墙壁、顶棚、开口部等在内的"各部构法"进行大分类，然后分别解说的构成方式。而本书是首先按结构种类进行大分类，在对各类结构的解说中插入与该结构种类相对应的"各部构法"。

这样的构成主要是考虑针对某一种结构种类，从结构体到装修的学习的连贯性。但是，学习的顺序并不一定按照目录的顺序进行，可以按照教学和学习目的进行选择和调整。与结构种类关系不大而相对独立的"各部构法"比较集中于第3章的木结构构法里。

第8章作为总结，以计算机绘制的立体图介绍了著名建筑的构法实例，可以结合课程进度反复参考。

建筑构法与建筑设计、施工和生产技术密不可分，随着社会状况和时代的推移变迁；本书所介绍的内容大多为日本正在采用的构法，但还特意保留了个别已经被淘汰了的构法。这些构法可能成为对既存旧建筑进行鉴定和修整时不可缺少的知识。

本书的编写分工

　　本书虽然为分工编写，但是各部分内容与项目均经过全体编写成员的精选议定，各人所写的原稿也经过全员审议定稿。从这个意义上来说，分工的意义仅限于负责编写部分的初稿，而整体内容则是全体编写成员的共同著作。

　　编写分工：

　　第1章　松村秀一，清家　刚

　　第2章　小见康夫

　　第3章　平泽岳人

　　第4章　名取　发

　　第5章　小见康夫

　　第6章　名取　发

　　第7章　松村秀一，小见康夫，名取　发

　　第8章　松村秀一

图版的制作

　　至今为止的教科书，无论是手绘还是使用制图软件绘制的插图，几乎都是用线画的图。线图虽然简朴实用，对具有一定程度知识水平的人员来说，可以充分表达所要表达的内容，但是，对于建筑专业的初学者来说，虽然不能说完全不能理解，还是缺乏实际的感觉。

　　建筑构法是关于物理构成的学问，构成的要素均有各自的形状。本书插图的制作方针是充分尊重各要素的原有形状，不是用线而是尽量使用面来表示，遇到复杂的要素交错的地方将其产生的阴影也表现出来，以此让读者形象生动地理解各要素的构成关系。

　　插图的制作方法是，使用三维制图软件输入各要素的形状和详细模型，按符合文章里的解说的视点和角度进行剪裁。本书的大部分插图都是这样制作的。庞大的制图工作得到了千叶大学平泽研究室的学生们的支援和承担，在此深表谢意。

插图制作的同学

　　千叶大学平泽研究室

　　加户启太，饭村健司，中林拓马，田中智己，黑泽纪之，

　　佐藤大树，福井雅俊，长谷川俊辅，会田健太朗，正木亮

目　录

第1章　概论：建筑与构法

第2章　基础的构法

第3章　木结构丨常规梁柱构法

第4章　木结构 II 其他结构构法

第5章　钢结构构法

第6章 钢筋混凝土结构构法

第7章 其他非木结构构法

第8章 建筑构法实例

第 *1* 章

概论：建筑与构法

本章，以建筑构法的含义以及在建筑学和建筑实务中的定位为中心，重点学习以下内容：

（1）所谓构法，是建筑本质的空间构成与物质构成的两大要素中的物质构成。

（2）构法的形成取决于各个地方、各个时代所使用的材料和建设资源，有鲜明的地方性和时代性。

（3）构法是为了满足建筑物的各种性能要求而被开发采用，在设计过程中不断深化完善。

1.1 何谓建筑构法

1.1.1 "建筑"这一术语的含义

让我们首先来考察"建筑"这一术语的含义。日语的"建築"一词来源于汉语，现在的区别也仅是繁体字和简体字而已。在汉语中，"建"与"立"基本同义，意为树立、竖起。而"筑"则是捣土为墙。因此"建筑"作为动词指的是建造行为，作为名词指的是建造起来的物体。前者与"建设"同义，后者也称为"建筑物"。

但是，对于刚刚开始学习建筑学的各位读者而言，除了"建设"和"建筑物"以外，可能会感到"建筑"还具有更加丰富的其他含义。

用英文来说明会更加容易理解。"建筑"的英文是"architecture"，而"建设"和"建筑物"相应的英文是"building"。在英文里"architecture"和"building"的含义有所不同，例如我们可能听过"这仅仅是'building'，而称不上'architecture'"之类的评论。另外，"architecture"一词还有"the architecture of novel（小说梗概）"和"the architecture of computer（计算机体系）"等的用法，在这里用的"architecture"与建筑毫无关系。

若要用其他词汇来替换上文中"architecture"的建筑以外的含义的话，最贴切的应该是"构成"。所以，我们若是将"建筑"或"architecture"理解为"建筑物，建造建筑物的行为，以及建筑物的构成"的话，就可以与"建设"、"建筑物"、"building"等近义词明确地区别开来。

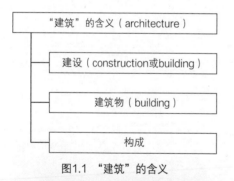

图1.1 "建筑"的含义

图1.3 西方建筑的构成美
［圣加罗（Sangallo），米开朗基罗（Michelangelo）
设计的法尔内塞（Farnese）庭院一侧］

图1.2 日本传统建筑的构成美
（大德寺龙光院蜜庵）

1.1.2 "建筑构法"是物理构成方法

"建筑"这一术语里包含的建筑物的构成有两个含义：一是空间构成，另一个是物理构成。

以教堂为例，它的空间构成可以表达为："由一个顶棚高耸、面积宽广的主体空间以及两侧略微低矮狭小的辅助空间来构成"。而物理构成则表达为："石砌的柱子支撑着石砌的肋拱，肋拱与肋拱之间架着同样是石砌的拱顶屋面"。我们把建筑物的物理构成以及构成方法称为"建筑构法"。

"建筑构法"这一术语在别的文献里也有解释为"构筑方法"或者"构造方法"等，本书采用较广义的"构成方法"。在英语里找不出准确的直截了当的相应词汇，但可以理解为包含了"building construction""building system""architectural detail"等的概念。

在日本还有叫"工法"的术语，顾名思义，指的是"施工方法"，在日语中它与"构法"的读音相同，容易产生混淆。但是，像"轻木结构工法""大板结构预制工法"等，指的不仅仅是一种施工方法，同时包含了建筑物的物理构成的差异。反过来，"构法"的概念里同时包含着相应的施工方法的情况也比比皆是，像这样难以将"构法"与"工法"明确分开使用的时候，我们有时采用"构工法"这一合称。

1. 空间的构成

［旧圣伯多禄大教堂］

2. 物理的构成＝"建筑构法"

［亚眠主教座堂］

图1.4　两种构成

1.1.3 材料的选择、排列方式和连接方法是关键

"构法"到底如何反映建筑物的物理构成呢？

举个例子，我们想说明一面外墙的物理构成，光说"外墙由瓷砖、铝框、玻璃构成"显然是不够的，至少我们还想知道瓷砖的大小尺寸、厚度和颜色，瓷砖是如何在墙上排列的，窗的位置和大小，窗框的截面尺寸、颜色，玻璃的种类，等等。

然而，我们要把这面外墙做出来这点知识还不够，如果瓷砖是贴在钢筋混凝土墙上的话，那么这墙应该至少有多厚、配多少钢筋？瓷砖是用什么方法贴在墙面上的？当然，铝窗框与钢筋混凝土墙的连接方式、玻璃与铝窗框的连接方式也不能没有说明。

因此，在构法的表述里，除了作为构成要素的材料以外，材料的排列组合、相互的连接方法是必不可少的。而且，对于各种材料和部位都有必须满足的性能要求。在上述例子中，对于瓷砖和铝窗框的耐久性，瓷砖与钢筋混凝土墙的粘结性，钢筋混凝土与铝制窗框之间的防水性，等等，都必须有明确的要求。

为了满足建筑物的性能要求，对于各部位必须选择适当的材料、合理安排它们的排列组合以及确定它们之间的连接方法。我们把这些针对各部位的构法称为"细部构法"，通过实践经验和实验证明对它们进行归纳总结成为"地板构法"、"外墙构法"、"内墙构法"等，所谓建筑构法实际上是由众多的细部构法组成的。为此，学习或从事建筑专业的话，不能缺乏对细部构法知识的了解。

1.1.4 学习建筑构法时的要点

现代的建筑技术，不少是根据工学上的成果进行设计和施工的，以工学上的解析和实验作为依据，在设计理论和规范里制订了严格的规定。但是，就构法而言，有不少是源于经验实践而非解析实验的情况，从建筑构法里往往可以看到各时代、各地域的特点以及经验的差异，就像语言一样，各国有自己的体系，到了地方还有方言，不同时代的文章使用不同的语法。

由地域和时代的实践经验而形成的建筑构法，必然与那个地域、那个时代的审美意识、生活文化和产业结构紧密相关，因此

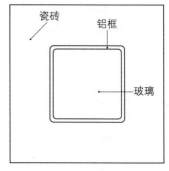

图1.5 不充分的构法说明

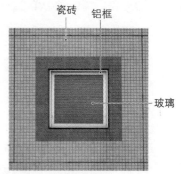

图1.6 某种程度能够反映其构法的照片（以日本筑波中心大厦筑波第一酒店为例，由胁山善夫提供）

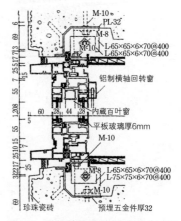

图1.7 说明其构法的剖面图（以日本筑波中心大厦筑波第一酒店为例）

它带有浓厚的文化意义。即使是信息时代的今天，我们可能轻而易举获得大量的构法知识，但不能忽视对它们的文化背景和发展过程的理解。

本书的主要目的是作为建筑专业的入门书，帮助读者学习现代的建筑构法，但希望它不局限于满足专业知识学习的要求，也能作为文化比较的基础知识，起到促进文化交流的作用。

此外，虽然前文提到对细部构法理解的重要性，但无论拥有多么丰富的细部构法的知识，如果不明确建筑物整体的目标性能的话，也只能茫然失措、无功而返。相反，只有大目标而忽视细部构法和相互的相容性的话，也不可能建成优质的建筑。

在建筑构法的学说中最为重要的是：其一必须明确设定建筑整体的目标性能，其二是积累丰富的构法知识，在此基础上理清整体与部分、目标与手段的关系，建立清晰的骨架。我们希望有意学习建筑构法的各位读者将此铭记在心。

图1.8 高温多雨地区的高知县的仓库，特点是设置了切水瓦层（照片由安藤邦广提供）

图1.9 豪雪地区的秋田县民居，特点是屋面沟槽部位使用杉皮铺设，名为"虎沟"（照片由安藤邦广提供）

1.2 材料与构法

1.2.1 材料的使用方法

建设一座建筑物需要使用大量的材料，人们不得不使用所在地周边容易到手的材料。因此，建筑使用的材料具有地方性。

例如，自然材料的泥土、石材、木材等具有很强的地方性，即使在输送和流通已经非常发达的今天也不例外，木结构发达的也都是森林资源丰富的国家。

建筑的大小、形状和性能取决于使用的材料，也取决于构法，同样的材料而采用不同的构法既可能成为结构体，也可能作为装饰使用。

1.2.2 建筑对材料的依赖性

建筑所要求的最基本的功能是分隔内外空间，因此，仅仅用几根木杆搭个屋顶似的单纯的结构在世界各地都不鲜见。例如日本的绳文时期的住居的屋顶便是这样的结构，甚至在下面的地面挖个坑形成沉下空间，我们把它称为竖穴式住居。

这种单纯的结构能够盖出的空间非常有限，人们开始将材料进行排列组合搭接成更长更大的构件，除了屋顶以外还建起了墙壁和地板，无疑使用的大多是当地的材料。

比较简单的是由墙支撑屋顶和楼板的结构，最有代表性的是砌体结构，砖砌、石砌还有其他材

图1.10 竖穴式住居的遗迹（绳文时代）

料的砌体，用原木砌的积木结构与类似的日本的"校仓结构"（在1.2.5节述及）也属于同样的结构方式。

随着建筑物越来越高、越来越大，砌体结构的墙不得不加厚，但内部空间的大小有局限性，在墙上也难以设置较大的门窗开口，不可避免地造成内部空间的闭塞和压抑。

为了盖更大的空间，结构方式不断在发展。以砌体结构为基础创造出了拱结构（arch）和拱顶结构（vault），将砌体砌成圆弧或圆顶的曲线形状，某种程度上能够盖出更大的空间，教堂等建筑多采用这种结构形式。但是室内空间越大，支撑拱顶的周围的墙也不得加厚，到了现代，拱、桁架、壳体等构造方式也采用钢材和混凝土等材料来代替了。

由此可见，以地方性材料为基础的结构方式通过采用现代的材料，实现了越来越高、越来越大、越来越开放明亮的建筑空间。

换言之，建筑材料技术的发展对构法带来了很大的影响，促成了新型建筑的诞生。

图1.11 拱结构（罗马广场的隧道）

图1.12 支撑着教会大空间的承重墙（科隆大教堂）

1.2.3 泥土和砖

　　泥土是在世界各地都被采用的建筑材料之一。将泥土晒干成土坯砖，或者通过高温烧制成烧结砖的使用方法自古已在世界各地得到普及。除了制成砖以外，泥土还被制成瓷砖、瓦等其他烧结材料得到广泛使用。泥土还能够直接捣成夯土墙。作为建筑材料使用的泥土多是黏土含量较高的。

　　土坯砖是用模具将泥土成型后干燥制成的。一般在气候干燥的地方制造，作为砌墙的结构材料来使用。由于土坯砖的制造不需要复杂的制造和施工技术，即便在今天仍作为一种世界性的材料在不同地区被使用着。

　　将成形的泥土在高温中烧结制成的材料便是烧结砖，或者直接简称为砖。这是一种自古以来便被人们使用的材料，除了作为原料的泥土以外，烧的燃料也是一种必不可少的地方性材料。

　　用砖砌筑墙体的砌体构法今天仍被广泛采用，为了使砖与砖粘结成一体，人们一般采用砂浆等作为粘结和填充材料。砖墙有各种各样的砌法，比较有代表性的是英式砌法（English Bond）和法式砌法（Flemish Bond），砌法不同的砖墙呈现出不同的外观。另外，如图1.14所示，为了把墙体填满，通常需

图1.13 土坯砖的房屋（赞比亚）
（照片由前岛彩子提供）

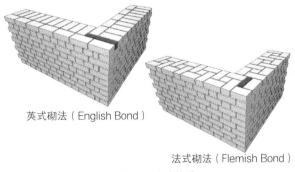

英式砌法（English Bond）

法式砌法（Flemish Bond）

图1.14 砖墙的构成图

图1.15　瓷砖饰面的教会（意大利）　　图1.16　把瓦砌进墙里的"海参墙"仓库（日本下田市）

要是把长方形的砖一分为二作为辅助砖块来使用。

砖墙以前一直作为承重墙使用，现在则多在钢筋混凝土结构和钢结构建筑中作为非承重墙使用。砖的大小和重量适合人单手拿着，所以施工非常方便。但是，由于施工时非常耗费人工，对人工费较高的国家和地区来说是不太经济的构法。

除此之外，以泥土为原料还可以烧制出瓷砖、瓦、陶器等其他烧结材。瓦自古以来就作为屋面材料被世界各国广泛使用。瓷砖是多姿多彩的饰面材料，最先由追求艺术表现的宫殿和寺院开始采用，现在则既用作外墙的饰面材料，也被用作有防水要求的空间内饰材料。

用泥土直接捣墙也是一种广泛使用的传统构法，日本的木结构建筑中有很多是采用土墙的。

1.2.4 石材

石材是在世界各地都被使用的建筑材料。最多的是把石头切成方块作为墙砌体使用。除此之外把石头加工成片状，可作为墙壁等的饰面材料。

表1.1　石材的种类、特征及主要用途

种类		特征	主要用途
火成岩	花岗岩类	耐久性高，耐火性低 俗称：御影石	外装饰（墙面，楼板）
	安山岩类	耐久性高 有代表性的是铁平石	外装饰（墙面，楼板）

续表

种类		特征	主要用途
水成岩	石灰岩	耐久性低，耐水性低 一般比较软	内装饰（墙面，楼板）
	沙岩类	耐火性高，耐磨性低 颜色和硬度根据成分有所不同	内装饰（墙面，楼板）
	凝灰岩类	耐火性高，耐久性低 有代表性的是大谷石	内装饰（墙面）
变成岩	大理石类	吸水率低，耐久性低 白色基调的比较多	内装饰（墙面，楼板）
	蛇纹岩类	大致与大理石相同 深绿色基调的比较多	内装饰（墙面，楼板）
	粘板岩类	耐久性高，呈片状	内外装饰（楼板） 屋顶

　　根据石材的硬度及吸水率的不同，其利用方式也有所不同。硬度大且吸水率低的石材多用作外装饰材料；硬度小且吸水率高的石材多用作内装饰材料。根据使用场所的不同，石材表面可以磨光，也可以粗面加工。

　　用来砌墙的石材一般都被加工成方块才能砌起来。有仅用石材堆砌的，也有用砂浆粘结和填缝的。欧洲自古以来便使用石材建造了大规模的教堂等建筑，在日本石材也从古代开始使用，例如在关东地区有大量的由大谷石砌筑而成的围墙和仓库的遗迹，但由于其抗震性较差，所以没有建过大规模的石结构建筑。

　　石材也被用作饰面材料。作为外饰面时，常常用来模拟砌石结构的建筑风格，在西洋建筑中它也

图1.17　用大谷石建的仓库

图1.18　采用石材饰面的明治生命馆

被作为柱子等的饰面。现在，多采用干挂工法
或嵌入预制混凝土幕墙等方式作为高层建筑的
外饰面使用。

石材作为高级饰面材料也用于室内装饰，
自古用石材装饰的墙面和地面就比比皆是。最
有代表性的是大理石饰面，虽然使用的是片状
的贴面材料，但是为了追求室内装饰的美观而
设法让贴面与贴面之间的石纹相连合一，所以
往往同一部位使用的是同一块大石头切出来的
材料。因为石材的耐磨性好，所以常用于装饰
地面和楼板面，为了防止打滑有时故意对表面
进行粗面加工。

图1.19 使用粘板岩作屋面的东京车站的拱顶

粘板岩是石材的一种，顺着它的石纹比较容易切成板块，可以砌叠成屋面或作为外墙饰面，不仅
传统的建筑里有众多的使用例子，现代建筑的设计里也不乏被选用。

1.2.5 木材等植物材料

在日本，木材作为一种普遍的建筑材料，被
广泛作为结构材料和饰面材料使用。但世界范围
内拥有丰富森林资源的地域并不多。从环境保护
的角度来说，木材是一种可以循环再生的优良资
源，但从森林保护的角度来看，不能不适量地
使用。

木材因其取自阔叶树、针叶树等不同树种而
性质有所不同。即便是同一树种，生长在不同地

图1.20 校仓结构的建筑例子（瑞典）

图1.21 木板瓦屋面

图1.22 茅草屋面（白川乡）

域的性质上也有差异，我们必须适当地区
分和使用。

以木材承重的木结构有多种不同的构
法。最为一般的是梁柱结构，与砌体结构
类同的校仓结构，以及属于承重墙结构
的轻木结构。此外，在其他材料建造的
砌体结构里，楼板和屋架也多使用木材
架设。

木材也用于饰面材料，无论是内饰面
或外饰面都很普遍。树皮也可以使用，桧
木树皮的屋面是传统的屋面构法之一，杉
木皮也被作为防水和装饰材料用来贴外墙。
木板可作为木板瓦铺屋面，木板墙不仅能
作为室内的隔墙，如采用合理的防水构法
还可用作外墙。

植物的建筑材料除了木材之外还有茅
草和竹子等。

茅草常用于铺屋面，是一种将茅草层
层重叠铺设的屋面构法，类似的例子在世
界各地都能见到。

竹子可作为结构材料或饰面材料使
用，也可作为土墙的竹筋，有些地区还用
它搭设施工现场的脚手架。现在还有将竹
子作为结构材料来使用的例子。

同样源于植物的绳子也能作为建筑材
料，用于捆绑屋面的茅草，或用作土墙的
骨胎等。

纸也是一种由植物加工而来的材料，
随着制造技术的进步也逐渐被应用到建筑
领域。以前不过是用于纸窗等，现在还出
现了用纸管作结构体的例子。

1.2.6 兽皮·布·膜

薄膜屋顶、帐篷等结构自古便是人们
构筑生活空间的简易的建筑方法。有些地

图1.23　竹子作为建筑材料的现代建筑
（长城脚下的公社，中国北京）

图1.24　纸管作为结构体的现代建筑
（鹰取教会）

图1.25　使用兽皮和布的帐篷
（中国内蒙古自治区的蒙古包）

方使用自然素材中的兽皮，随着棉、绢等技术的发展，布也开始作为室内建筑材料来使用。因为它们的重量很轻，尤其适合于可移动的或临时的建筑物使用。随着布和膜的制造技术的发展，现在空气膜结构已成为大空间建筑物的一项建设技术。

1.2.7 金属·玻璃

在金属材料中，铁和铜是自古以来最早被使用的。

铁开始是根据设计的意图和功能加工成五金件来使用。工业革命以后，铁的生产技术和生产能力有了飞跃的发展，于是开始频频用于结构体，还用来制造窗框等部品。

铜是一种容易加工的柔金属，往往被制成薄板用于铺屋面或用作饰面材料。

铅也是一种软金属，加工便捷，作为五金件或者屋面材料使用。直到最近它还被用来做供水管，但由于其存在对人体健康的隐患而不再使用了。

玻璃也是一种历史悠久的材料，最初是用来作装饰品的，16世纪前后欧洲发明了彩绘玻璃，从此逐渐被用于建筑。工业革命以后玻璃实现了大量生产，从此玻璃窗得到了迅猛的普及。

图1.26 传统建筑物里使用的五金件

图1.27 彩绘玻璃

1.3 **性能与构法**

1.3.1 **建筑的各种性能与构法**

建筑物需要满足多种性能。这些性能主要包括结构的安全性、外皮的安全性和防水性、内装修的日常安全性和室内空间的舒适性，以及有利于建筑物整体的长期维护管理和更新的性能。我们将这些建筑物所必须具备的性能称之为要求性能，通过选择适当的构法来实现。

建筑物的要求性能的三大目标是：

① 保护生命财产的安全；

② 维持日常使用的舒适性；

③ 长期有效地使用。

在①与②里要求的日常使用的安全性、舒适性，与危机状况下的安全性应分别考虑。

日常使用的安全性指的是建筑物在正常荷载下的安全性以及日常使用中的安全性。日常使用的舒适性则包含防水性、隔热性和隔声性等。

危机状况下的安全性指的是受到地震、暴风、积雪、火灾等危害时建筑物的安全性。

建筑物的主要性能如表1.2所示。

表1.2 建筑物的主要性能

性能	内容
日常安全性	防止物品的掉落或倾倒，确保日常可以安全地使用
防水性能	不漏水，尤其在暴风雨的时候不漏水
隔热性能	不传热
隔声性能	不漏声，不受外部噪声的干扰
抗震性能	发生地震时不倒、不坏
抗风性能	在强风时候不倒、不坏
耐火性能	火灾时火情不蔓延，确保人员的逃难时间
耐久性能	能够长期使用，有利于建筑物的维护保养

然而，在实现这些性能的过程中有时会遇到一些相互矛盾的情况。例如，为了提高建筑的防水性、隔声性和隔热性，建筑外皮当然是密闭的没有缝隙最好，可是，为了确保抗震性能又需要预留缝隙来保障建筑物的变形能力，这些缝隙我们一般采用既有防水性能也能顺应变形的封口胶来充填，而隔声和隔热性能却不可避免地因此降低。由此可见，各个性能项目之间可能存在矛盾，很难实现十全十美，设计的时候须适宜地控制各方面的平衡。

每一个建筑的要求性能都有相应的物理单位，原则上还应有具体的指标。对于某些难以用数值来规定的项目，可以使用设计标准或施工标准等来保证。

　　各个建筑的要求性能应由设计者来设定和表示，有些项目能直接以数值指标表示，而某些项目则只能用较为含糊但受到公认的尺度来表示。日本工业规格（JIS）规定了建筑部品的各性能的表示方法和等级，而对于住宅性能则由《确保住宅品质等的促进法》（俗称《品确法》，"住宅の品質確保の促進等に関する法律"）规定了要求性能的表示项目（表1.3）和等级。

表1.3 《确保住宅品质等的促进法》（俗称《品确法》）规定的性能表示项目

①	结构安全性的相关事项
②	火灾时的安全性的相关事项
③	减缓老化的相关事项
④	维护管理、有利更新的相关事项
⑤	温热环境、能源消耗的相关事项
⑥	空气环境的相关事项
⑦	采光、视觉环境的相关事项
⑧	声音环境的相关事项
⑨	老年人生活方便的相关事项
⑩	防盗的相关事项

1.3.2 作为设计条件的要求性能

　　对于建筑物的安全性，《建筑基准法》里制定了关于地震、暴风、积雪、火灾等危机状况下的性能的最低标准。在日常使用的安全性方面，《高龄人、残障人士行动方便促进法》（俗称《无障碍法》，"高齢者、障害者等の移動等の円滑化の促進に関する法律"）里，规定了公众利用的学校、医院等面积为2000m²以上的建筑物的履行义务。在建筑节能方面，《能源使用合理化法》（俗称《节能法》，"エネルギーの使用の合理化等に関する法律"）也规定了相应的义务。

　　设计者在设定建筑物的要求性能时，首先必须遵守《建筑基准法》所规定的项目的最低标准，有必要的话还应设定更高的性能标准。对于法律上没有明确要求的性能项目，应根据建筑物的规模和用途，考虑性能与造价之间的平衡，由设计者自行判断设定。

　　性能值的确定方法可以参考的书籍有日本建筑学会刊行的《建筑工程标准规范》（简称JASS，"建築工事標準仕様書"），如《JASS 5 钢筋混凝土工程》或《JASS 16 门窗木具工程》等，分别对不同的建筑工程的施工方法进行了解说，其中包含了对性能的说明。另外对于办公楼建筑，国土交通省大臣官房营缮部监修的《公共建筑工程标准规范》（"公共建築工事標準仕様書"）可以作为设定一般性能值的参考。《品确法》里将各个项目的最低性能设定为等级1，其后依等级2、等级3的顺序性能依次升高。例如，在抗震等级（防止建筑物结构体的倒塌）中，等级1表示遵守了《建筑基准法》的最低标准，等级2指的是在此基础上1.25倍的地震力作用下仍然不倒塌，同样地，等级3则指的是在1.5倍于等级1地震力的作用下仍然不倒塌。

而在关于隔热性能方面，完全没有采取隔热措施的建筑物被定为等级1，而按现行《节能法》的标准设计施工的建筑物则被定为最高等级的等级4。由此可见，不同的性能项目等级标准的划分方法有所不同，而按哪一等级进行设计则有赖于设计者的合理判断。

1.3.3 结构体的要求性能

建筑物的结构体对于日常使用条件下和危机状况都有安全性要求。所谓日常使用条件是指承受设计时考虑的日常荷载，包括恒荷载以及日常使用的活荷载，在多雪地区还包含积雪荷载。结构体必须确保在这样的荷载条件下的使用安全。

在受到地震、暴风、大雪袭击的危机状况下，结构体必须具有足够的抗震性能、抗风性能，以及承受大量积雪荷载的性能，在发生火灾时必须具有耐火性能。

耐火性能指的是能够防止火势蔓延，同时保证火灾发生后一定时间内结构不至于倒塌的性能。钢筋混凝土结构具备了良好的耐火性能，钢结构和木结构则不具备足够的耐火性能，但可以用耐火材料把结构体包起来。

结构体的安全性是通过对设计荷载进行验算来保证的。设计荷载首先包括了建筑物的自重即恒荷载，以及建筑使用者和家具等带来的活荷载，这些是作为日常使用条件不得不考虑的荷载。除此之外，作为危机状况的荷载，建筑还承受台风等暴风带来的风压力，以及地震时的地震力。被指定为多雪地区的积雪荷载应作为日常使用条件的荷载来考虑，其他地区的则作为危机状况的荷载进行验算。为了有效地承受这些荷载并确保足够的安全性，必须根据每种荷载的特点选择合适的构法。

由此可见，作用于建筑物的荷载有如下5类：

① 恒荷载

恒荷载指的是建筑物的自重，其中墙、楼地板、屋顶等的重量可按设计图进行计算。

② 活荷载

活荷载是建筑物在使用过程中的家具、人员等的重量。一般设计的时候事先设定建筑物的用途和使用方法，根据其用途依据规定的活荷载数值进行计算。

例如教室是按照使用的人数以及桌椅等的重量来规定它的活荷载的数值，而图书馆则必须考虑书架以及满载的书，还有利用人员的重量，因此活荷载的数值比教室大。

③ 积雪荷载

积雪荷载是对下雪的地方规定的建筑物必须能够承受的能力。在日本，《建筑基准法》施行令第86条里对不同地区根据既往的气象数据分别

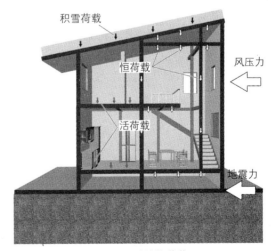

图1.28 建筑物荷载

规定了积雪荷载的数值。

④ 风荷载（风压力）

风荷载是为了保证建筑物在台风等暴风条件下的安全而设定的荷载。在《建筑基准法》里规定了最低限的数值，不仅要保证结构体的安全，而且屋面材料和外墙材料也不能因暴风而受到破坏。按照《建筑基准法》的规定，风速应根据该地区过去的气象数据取值，并应根据建筑物的所在地是位于城市内部的建筑密集地区，还是位于风荷载较大的郊外地区，按"粗度区分"进行分类计算。

此外，风荷载随着受力点位置的增高，以及随着建筑物高度的增高而增大。

⑤ 地震荷载（地震力）

地震力指的是地震时建筑物受到的惯性力，为了使建筑物在地震力作用下不损坏、不倒塌，在结构计算时所考虑到的荷载称为地震荷载。《建筑基准法》规定了地震荷载的最低限的数值，根据建筑物的自重、层数，以及反映该地区的地震发生概率的系数等进行计算。

应该注意，即使采用规定的地震荷载进行计算，实际上建筑物还因其规模、结构形式、所在地的地基条件，以及地震波的性质等的差异而导致地震时产生的变形状况会有很大的差别。

日本是地震多发国家，在所有的结构安全性里抗震性能最为重要，抗震设计不仅要保证建筑物不损坏、不倒塌，还要保证其变形在容许范围之内。

○风荷载P（N）按《建筑基准法》规定的公式进行计算：

$P = q \cdot C_f \cdot A$

式中 q——风的速度压（N/m^2）；

C_f——受力部分的风力系数；

A——受力部分的面积（m^2）。

速度压根据高度和地区取值，风力系数根据建筑的形状等因素取值。

○在日本，很长一段时期内，地震荷载F如下式所示，采用以建筑物总重量乘以一定比率作为惯性力的计算方式，这个比率称为水平震度。

$F = m \cdot a = W/g \times a$

$\quad = a/g \times W = k \cdot W$

式中 F——地震荷载；

a——加速度；

g——重力加速度；

W——建筑物的重量；

m——建筑物的质量；

k——水平震度，地震产生的a与g的比。

现在的计算方法是以层间剪切系数乘以建筑物的重量，再按各层的竖向分布进行详细的计算。

结构安全性通过结构设计和结构计算来保证。设计方法根据结构方式会有所不同，一般来说荷载越大，所需的柱和梁的截面越大，或者需要增加承重墙的长度或厚度。

除此之外，在抗震结构的基础上还可以采用隔震结构或减震结构。

隔震结构是把因地震而产生的变形集中在隔震层，不把地震的能量传到其上的建筑物的结构方式，以此提高建筑物的安全性。

减震结构是通过特殊的装置，在建筑物发生振动时施加与惯性力相反方向的力，或通过阻尼吸收振动能量。有用于抗风的也有用于抗震的，有自动机械式的装置，也有附加重量型的被动装置。

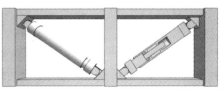

图1.29　隔震装置（左），减震装置（右）

1.3.4 建筑外皮的要求性能

建筑物虽然是靠结构体来支持的，但从外部环境中形成和维持一个内部空间靠的是屋顶、外墙、最下层的地板等部位，我们把这些部位称为建筑外皮或简称为外皮，它是建筑空间的包络面，尤其是与外部环境直接接触的屋顶和外墙，承担着抵御风吹雨打、日晒雨淋，以及保温断热的使命，形成和维持着供人们安全、舒适地使用和生活的环境。

外皮不是仅仅简单地将建筑包起来，它必须能让人们自由地出入，还需要以适当的方式采光和让空气流通。为此，外皮需要设置门窗等开口。

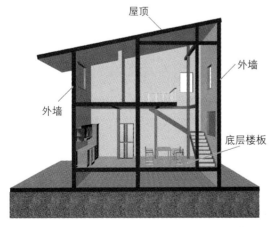

图1.30　形成建筑空间的外皮

作用因子	项目	外部	外皮	内部
人	自由出入	←		→
火	防火，耐燃	→		←
水	水密性	→		
热	冬季	←		
	夏季	→		→
光	采光	→		
空气	气密	→		←
	通风，换气等	←		→
声音	外部噪声	→		

图1.31　作用在外皮的主要因子

建筑外皮的功能是对光、热、声音、空气、水和人等作用因子进行有选择性的遮蔽或透过。例如，在遮蔽或遮断雨水、虫类的同时，根据具体的情况需要透光和通气。又如，建筑围护形成了内部空间供人们使用，当然必须能让人自由出入，但也并不是允许任何人都能自由出入。

让开口有选择性遮蔽或透过的方法有：选用玻璃等有透过性的材料，设置可以开闭的门、窗、换气口等，还可以设置容易开闭的百叶窗、窗帘，采用门锁是对人进行选择性通过的一种方法。

在建筑外皮的要求性能中最为重要的是防止雨水侵入室内的性能。

一般对于屋顶的性能或建筑材料本身的性能而言，上述性能被称为防水性能。而对于外墙则多称为水密性能，外墙还需满足的重要性能还有隔热保温和隔声。

防水性能所指的防止雨水侵入室内，不仅仅要应对日常条件下的雨水，还必须考虑因台风等带来的暴风雨，在强烈风压下的雨水有更强的渗透力，渗漏还有可能发生在意料不及的部位。

屋顶的防水性能主要针对降雨和积雪而言，外墙的水密性能则注重暴风雨的防渗，尤其开口周边是要加倍注意的部位。

确保防水性能有多种方法。例如可以用整体性的完整无缺的外皮将建筑物包起来，焊接而成的金属屋面以及平屋顶的沥青防水属于这种方法（详见第6章）。

如果外皮是用小构件拼装的话，不能把连接缝完全封死，只有空气可以流通渗进来的水才能往外流。如果连接缝的缝隙太过狭窄，则会引发毛细管现象，水不断地往里渗，因此保持适当的空隙十分重要。瓦屋顶属于这样的构法。

采用面防水的时候，材料之间的连接部设计十分重要。如果仅仅将其接紧封死，往往会因为地震等变形而产生缝隙，成为渗漏的原因。

还有，不能不考虑材料的热胀冷缩，尤其是受太阳直射的面，其表面温度在一天内可以产生数十度的温差。特别是为了在受热膨胀时各构件之间不产生相互影响，有必要设置一定的余量。温度变形每天都在循环往复，是直接影响耐久性的重要因素。

漏水的原理比较复杂，除了水因重力而流动以外，还会受到风压或气压差的影响。另外，水还会因受到表面黏着或毛细管现象的影响而渗入建筑物（图1.32）。在设计的时候这些因素都不得不予以考虑。

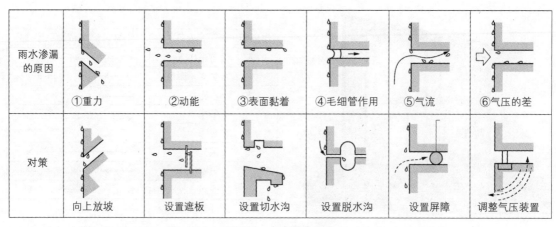

雨水渗漏的原因	①重力	②动能	③表面黏着	④毛细管作用	⑤气流	⑥气压的差
对策	向上放坡	设置遮板	设置切水沟	设置脱水沟	设置屏障	调整气压装置

图1.32　水渗漏的原理

　　为了更有效地实现防水，不能仅仅依靠屋顶和外墙单纯的防水性能，利用屋檐、泛水板、雨水管等合理控制水流也是十分重要的，这还有利于防止墙面被雨水污染而影响美观。

　　隔热保温性能是通过抑制热量的转移，提高供暖或供冷的效率，维持温差小而舒适的室内空间环境。从节能的观点出发，1980年制定的《节能法》将提高建筑物的隔热保温性能规定为义务。当时，仅仅把住宅建筑隔热保温性能作为义务的对象，而对于其他建筑物还包括了有关设备的效率。从2013年开始，也将住宅设备的效率作为了对象。良好的隔热保温性能不仅利于节能，从健康的观点来看也十分必要。

　　提高隔热保温性能需要在外墙和屋顶等建筑外皮部位使用隔热保温材料，并且确保开口部的隔热保温性能良好。开口部是隔热保温的弱点，可通过采用双层玻璃等高性能的材料来改善。对于窗框，也可以通过采用塑料窗或木窗来改善。

　　要确保建筑物的隔热保温性能并非一件容易的事，例如基础周边等部位也难免会成为弱点，为此应通过改善各部位的构法来提高。

　　隔声性能是反映声音透过建筑物的难易程度。就针对外部环境的隔声性能而言，如果周围非常安静其实是没有必要的，但如果位于城市，不断受到外部噪声干扰的话，则不能不受到重视。

　　外墙开口部是隔声的薄弱部位，要有效地提高隔声性能，以窗为中心的开口部的改善是关键。具体的方法有：减少开口的数量、减小开口部的尺寸、采用双层窗框等对每一扇窗进行有效的改善。但有一点应该注意，隔热保温性能较好的双层玻璃，其并不一定对提高隔声性能有效。

　　外皮在危机状态下要求的性能，包括抗震性能、抗风性能和耐火性能等，每一项都是依据《建筑基准法》等相关规范来确定其最低标准。

　　抗震性能要求在地震发生时建筑构件不破损、不脱落。框架结构采用干挂外墙板的构法时，需要保证它们在由建筑物的变形带来惯性力下的安全，以及能够顺应地震时的层间位移（详见第5章）。

　　抗风性能需要保证在台风等暴风条件下建筑构件不破损。《建筑基准法》规定，建筑外皮的材料不能因作用于屋顶或者外墙的正风压力和负风压力而产生破损，也就是说对受压和剥离都要进行验算。

　　为此，要使屋面和外墙材料在暴风条件下不破损、不脱落，必须与结构体或基层材料紧密连接。另外，玻璃的厚度也必须符合同样的要求。

　　耐火性能是指发生火灾时防止建筑物的倒塌和火势蔓延。在《建筑基准法》里，为了防止火从相邻建筑延烧，分别对承重和非承重的外墙规定了其必须的耐火性能。此外，为了防止高层建筑物的火

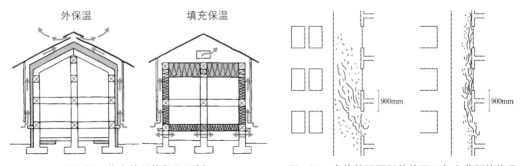

图1.33　住宅的隔热保温示例　　　　　图1.34　火焰从不同形状的开口向上蔓延的状况

灾从开口部向上层蔓延，规定了上下层之间的外墙面900mm以上必须是耐火墙板，为此必须使用耐火材料和采用耐火性能好的构法。

1.3.5　内装修的要求性能

　　虽然建筑物由外皮围护形成了内部空间，但为了使用上更方便、更舒适、更美观，内部空间里还设置了内墙、地板、顶棚等，这些被统称为内装修。也有把内装修与设备统称为填充体的叫法，它的要求性能与跟外部环境接触的建筑外皮有所不同，装修追求的主要是日常的安全性和舒适性。

　　所谓日常的安全性，就是要保证建筑物的使用者的安全。首先，日常接触的素材必须是对人安全的，不能使用带尖角锐利的物质和对健康有害的材料。其次，为了防止摔倒和坠落，楼梯的踢面和踏面尺寸、扶手的高度都必须采用合理的尺寸，尽量消除高低差，采用容易识别的配色，等等。要求性能还需要根据所设想的使用者的不同而进行适当调整。以前有过以高龄人、残障人士的使用为中心的无障碍设计的概念，而近年逐渐转向包含健康人在内所有使用者都能便捷使用的通用设计概念。

　　公共建筑物需要按照《促进高龄者、残障人士移动便利法》（简称《无障碍法》），考虑让所有使用者都能便捷使用进行设计。

　　抗震性能和防火性能，是关系到所有内装修的安全性的基本性能。抗震性能与建筑外皮一样，要求能承受地震时的惯性力，顺应层间位移。

　　防火性能根据建筑物的用途与规模而决定。《建筑基准法》针对内装修具体规定了在必要的部位必须采用防止火势蔓延的不燃材料或难燃材料。

　　内装修主要包括地板、内墙和顶棚，对其的舒适性要求，需要具备各种各样的性能。

　　地板面层需要行走方便且耐磨损，而从楼板的整体构法来看，还需要具备更多的性能。例如，最下层的楼板需要具有隔热性能，集合住宅的楼板对于上下层之间的隔声性能也十分重要，所要隔绝的声音包括小孩子蹦跳产生的楼板重量撞击声，以及勺子等落下产生的楼板轻量撞击声。

　　内墙重要的功能在于分割住宅内部或办公场所内部的空间，或者作为住户之间的分户墙。根据它所在部位和功能，有具备隔声性能和隔热保温性能的必要。尤其对于集合住宅来说，分户墙和楼板都必须具备很高的隔声性能。

　　对顶棚要求具有适当的吸声性能来满足日常室内声音环境的舒适性。对于建筑的最上层，顶棚或屋顶应具有隔热保温性能。而顶棚在地震发生时有掉下来危及人身安全的危险，因此确保其不松不掉非常重要。

　　为了更方便、更有效地利用内部空间，除了内装修以外，还应合理设计和配置照明、空调、给排水等设备或机器。作为正常条件下的基本性能，这些设备每天的正常运转是必不可

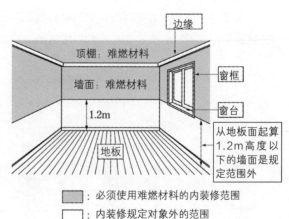

图1.35　内装修规定

少的。而在危机状态下,例如地震发生时不能脱落或倾倒,为此必须与结构体紧密连接。设备机器本体以及配管、配线等的寿命往往比建筑本体要短,设计时有必要考虑维修和更换的便利,以保证建筑物的长期使用。

1.3.6 耐久性

建筑的寿命很长,除了一部分的临时建筑物以外,至少需要持续使用数十年之久。在此期间,必须保证安全性以及日常条件下的基本性能能够持续且不劣化,这称为耐久性。

首先,建筑物的使用材料以及各构件部品不能产生显著的劣化。耐久性的目标一般以时间为单位来表示,然而劣化的测定和判断并不容易,而且劣化的进程与使用阶段维护管理的好坏有很大关系,因此耐久性是难以用性能值来表示的项目。

对于本身耐久性较低的材料以及机器设备,有些要以定时交换为前提。例如有水密性要求的密封胶材料和沥青屋面等,一般10~15年就要进行更换,以定时交换为前提的设计是必要的。

维护管理是与耐久性关系密切的项目,其内容包含清扫、检查和定期维修。为了维护管理的方便,高层建筑为清扫玻璃设置了吊篮,在顶棚和地面设置检查用的开口,这些都是设计时不能不考虑的。

《确保住宅品质等的促进法》在减缓劣化方面设有关于减缓结构体劣化的等级。在维护管理、更新方面设有关于配管等日常维护管理(检查、清扫、修缮)和更新(更换、变更)的难易程度的等级。

在使用过程中,还会进行大规模的修缮,还有可能变更用途或者进行改建,建筑物的内外都有可能被大规模地更新改造。设计时应有此预见并采取合理的措施,SI住宅就是充分考虑了有利于填充体的更新改造的设计理念(详见本章第5节)。

图1.36 清扫玻璃窗的吊篮

图1.37 SI住宅的配管和配线的检查开口

1.4 设计与构法

1.4.1 建筑设计的流程

建筑设计是根据场地、用途、工程预算等种种条件，制作和汇总设计图、标准图等设计图纸的一系列行为。一般先进行规划和基本设计，再分阶段深入细化。因而设计流程可分为规划、基本设计、实施设计等阶段。虽然设计流程一般以实施设计为终止，但进入现场施工后仍然要继续进行更为详细的设计。

在各个阶段中都要为满足建筑设计的要求性能，同时考虑造价和施工方法进行构法的选择，但在实际设计过程中并没有严格规定哪个阶段对构法进行到何种程度的选择。规划与基本设计之间往往进行反复的研究探讨，到了实施设计因为成本造价的原因而变更也是常事，甚至有时进入了施工阶段

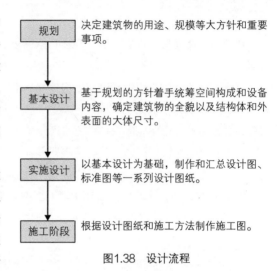

规划 —— 决定建筑物的用途、规模等大方针和重要事项。

基本设计 —— 基于规划的方针着手统筹空间构成和设备内容，确定建筑物的全貌以及结构体和外表面的大体尺寸。

实施设计 —— 以基本设计为基础，制作和汇总设计图、标准图等一系列设计图纸。

施工阶段 —— 根据设计图纸和施工方法制作施工图。

图1.38 设计流程

也会因为工期、施工条件、成本造价而不得不重新选择。但是如果采用新材料或新构法的话，应在规划或基本设计的阶段尽早研讨为宜。

1.4.2 规划与构法

在规划阶段，将计划条件的工程预算、完成期限、场地条件等，与实际条件的预计工程造价、预计工期等进行综合考虑，决定建筑物的用途、规模等大方针和重要事项。结构种类与建筑物的用途和空间规模关系密切，因而一般在这个阶段确定。当然在多数情况下，这个阶段只能根据用途、规模、预算选择常用的结构种类。

对于不同建筑用途有相应的常用结构种类。例如高层办公楼多用钢结构，高层集合住宅往往选择钢筋混凝土结构，这需要根据各种结构的高度、层数、跨度等特点进行判断。

各部位的构法一般在基本设计与实施设计阶段进行详细的研究和设计，在规划阶段只按一般的常识进行考虑。

如果建设场地根据《建筑基准法》对于建筑物有较高的防火性能要求的话，则不得不在结构种类的选择和内外装修的构法选择时多加考虑。还有在规划阶段应尽早根据地基的状况，判断是否需要进行土壤改良，或是否需要增长、增多地桩等，因为地基工程对造价和工期都有很大的影响。

由此可见，在规划阶段重要的是我们应具备足够的基本常识，凭此来制定建设的基本方针。

1.4.3 基本设计与构法

基本设计阶段需要决定建筑物的全貌，制作整套的基本设计图纸，因而建筑的大小尺寸和跨度，以及机器设备也随之决定。同时要确认是否符合《建筑基准法》以及相关的法规，推定柱梁等结构构件的截面大小，对建筑剖面确定其高低尺寸，对平面布置除了按需要分隔空间以外，还需考虑承重墙与非承重墙的区分使用。

对于各部位、各构件需根据其相应的要求性能进行设计。如需要使用特殊的材料或部品，例如商品目录中没有的非正式规格的门窗，应在规划或基本设计阶段及早考虑。以图1.39所示集合住宅的基本设计为例，房间的布置和大小尺寸都已确定，盥洗室和厨房的基本设备也会有表示，而窗的详细位置和尺寸一般没有标明。

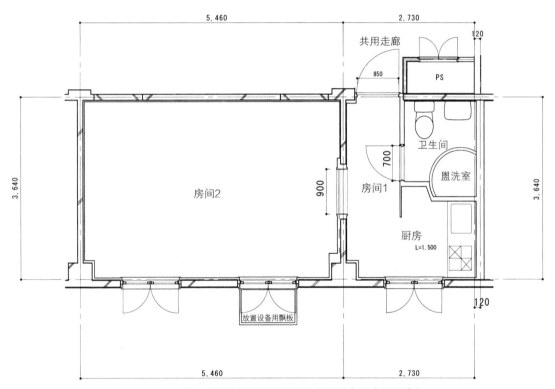

图1.39 基本设计阶段的平面图例（求道学舍的改修设计）

1.4.4 实施设计与构法

实施设计阶段的工作是制作和汇总设计图、标准图等一系列设计图纸。各部位使用的材料、部品以及其构成和连接等的详细构法都要确定，并按此进行工程费用的计算。因此，在这一阶段不得不最后明确建筑物的要求性能，否则将影响造价。以集合住宅的设计（图1.40）为例，房间的布置和大小尺寸、门窗的位置和尺寸都已确定，地板的装修，以及盥洗室和厨房的设备的具体规格型号也已标明。

表1.4 设计图纸目录的例子

(Ⅰ) 综合	① 规划说明书 ② 标准概要书 ③ 装修概要表 ④ 面积表和求积图 ⑤ 建设场地图 ⑥ 总平面图 ⑦ 平面图（各层） ⑧ 剖面图 ⑨ 立面图 ⑩ 工程造价概算书	(Ⅱ) 结构	① 结构计划说明书 ② 结构设计概要书 ③ 工程造价概算书	
		(Ⅲ) 设备	（1）电气设备	① 计划说明书 ② 设计概要书 ③ 工程造价概算书 ④ 各种技术资料
			（2）给排水卫生设备	
			（3）空调换气设备	
			（4）电梯等	

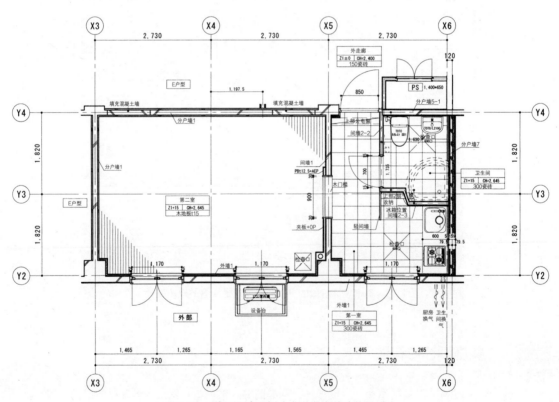

图1.40 详细设计图例（求道学舍的改修设计）

1.4.5 施工阶段与构法

在施工阶段需要根据设计图纸决定建造方法，我们把建造方法称之为"工法"。施工阶段需要绘制施工图，目的是为了检查各部分是否吻合、是否存在矛盾的地方，然后以施工图指示现场施工，建筑物是如此建成的。

以集合住宅的施工图（图1.41）为例，施工时所必须的窗户周边的尺寸、设备机器周边的尺寸都标得清清楚楚。

一般情况下，每一种构法都有相应的施工方法，在设计阶段就应该考虑好。但也有到了实施阶段发现有困难的情况，这就需要在设计与施工双方商议和承认的前提下对构法进行变更。

还有的情况是可以用经济的优化技术达到同样的性能要求，这也会引起构法的变更。这被称为VE（Value Engineering，意为价值工程）方案。

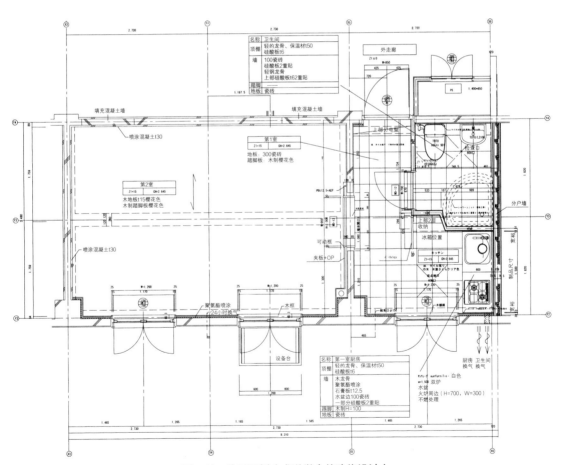

图1.41 施工图例（求道学舍的改修设计）

1.4.6 构法决定的流程

从结构种类的选择到各部位的具体设计流程，一般先以大约1：100的图纸表示建筑的全貌和基本构法，然后按顺序决定详细的构法逐步细化，最终以大约1：5的图纸表示包括施工安装方法在内的局部详细。如采用常规构法，例如一旦决定采用钢结构，详细的构法基本上也可以同时推定，但如采用特殊构法，则必须从规划或基本设计阶段尽早着手研究。

举例来说，我们设想一座普通的钢结构办公楼，外墙采用干挂预制混凝土幕墙，外面贴瓷砖。这是常规的构法，属于现有技术和经验的范围内。为此，规划的阶段只需要决定采用钢结构、干挂预制混凝土幕墙、外面贴瓷砖的大方针即可。基本设计阶段也不需要画详细的图纸，事实上详细的构法都随着大方针而基本决定了。

如果设计采用普通的瓷砖，我们只需要选择它的形状和颜色，无需考虑太多的问题。而要是采用特别开发的新瓷砖的话，除了形状和颜色，还不得不考虑材料本身的耐久性以及产品的制作精度，贴面时采用的间缝宽度，瓷砖与混凝土的粘结强度是否足够，有必要的话还需进行试作和试验。因此，在基本设计和实施设计阶段必须对其实施的可能性和造价作出相当程度的判断。

由此可见，每当采用新技术或新材料，在规划或基本设计阶段尽早着手考虑十分重要。

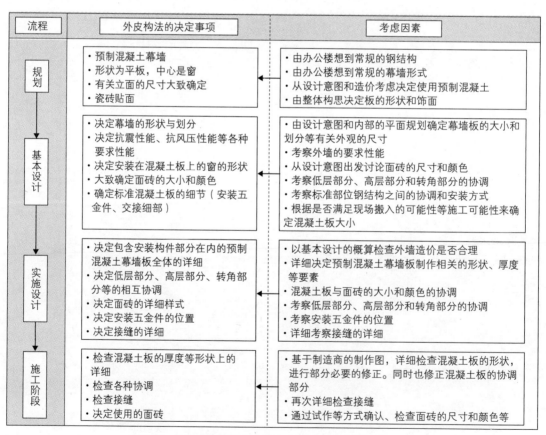

图1.42 构法选择的流程（以办公楼建筑的外墙构法为例）

1.5 施工与构法

1.5.1　参与建设的人和组织

与构法受到就地取材的强烈制约一样，它也受到参与建设的人和组织的强烈制约。各种各样构法的实施，需要必要的经验、知识、技术、技能、道具或装备，没有具备这些条件的技术人员、技能工人以及施工组织的参与是无法实现的。但是，即使社会上具备这些人员与组织的条件，可造价远远超过工程预算的容许范围的话，构法也同样无法实现。

例如，茅草屋顶的民居一般都建在茅草容易入手的地方，但铺设茅草屋顶的工匠没有得到传承，将来就难以修理或更换屋顶。又如即便可以轻而易举地购买到大量的钢材，如果没有能够实施切割、穿孔、焊接等高精度钢材加工的工厂，我们也无法采用钢结构。

如此可见，构法与施工组织及技术人员密不可分，只有采用适应建设当地的施工组织和技术现状，才能保证在工程预算范围内建设优质的建筑，不能忘记以此为条件进行构法的选择与运用。

1.5.2　建筑施工的工业化与现代构法

在20世纪建筑构法发生了巨大变化，产生这些变化的重要原因是遍及建设活动的各个方面的工业化的发展。此前一直以工匠们手工作业为前提的构法，大部分被事先在工厂生产的预制装配构法所取代。同时，现场施工的机械化也得到迅速发展，起重机等重型机械和各种各样的电动工具都得到普及运用（图1.43，图1.44）。这些进步使建筑业能够保质保量地满足高速发展的时代要求，建设工期也实现了惊人的短缩。

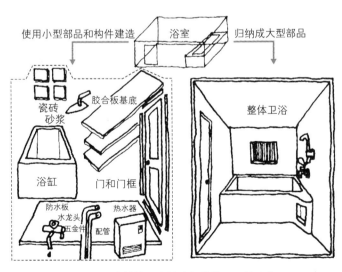

图1.43　从前的浴室构法与整体卫浴的比较

图1.44　干挂外墙板的吊装（东京都厅）

如此一来，一旦以预制装配化或机械化为前提的构法得到普遍的采用，拥有生产建材和部品的工厂的制造商们的地位便开始膨胀，而工匠的手工作业所承担的职责则越来越小。因而，建材、部品制造越来越多，其组织规模也越来越庞大，熟练手工作业的工匠却减少了。由于这样的施工组织的变化，过去难以实现的构法如今能够实现，而其反面是过去常见的构法在今日却难以重现。

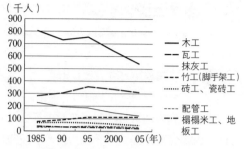

图1.45 建筑主要工种就业人数的推移（单位：千人）

我们引用先前的例子，随着能够进行高精度钢材加工的工厂的增多，在全国范围内哪个地方都可以采用钢结构，然而，由于工业化屋面材料的普及而导致了以铺设茅草屋面为专职的工匠减少，过去在全国范围内都能够见到的茅草屋面构法现在已经无法采用了。

现代构法基本上是对20世纪构法的继承和发展，然而，由于现有建筑存量巨大，竣工了数十年的旧建筑的维护和改造的需求不断增加，对以过去的构法建造的旧建筑进行改造仍有赖于具有传统技能的工匠的手工作业，可以预见今后工匠的地位会重新等到提高。（图1.45）

1.5.3 以构法分工

建筑由各式各样的部位和材料构成，而各部位或材料分别由不同的工种（技能者、技术者、施工团队）分工进行相应的制作和施工。

以梁柱式木结构住宅施工的主要工种为例，承担梁、柱、小柱、小梁、屋架等构件的加工和组装工程的叫木匠（日本叫"大工"），承担门、隔墙以及室内装修工程的叫"细木工"，承担作为地板的榻榻米的制作与铺设的是榻榻米工，承担瓦的制作与施工的是瓦工，等等，已然形成了一个秩序井然的分工模式图（图1.46）。

实际上木结构住宅远远不只上述4个工种，光直接进入现场施工的就不下20个工种，如果把参与建材和部品生产或流通的也计算在内的话，数量会更多。我们对构法的选择，事实上是协调不同材料和不同工种之间的关系，因而应尽可能有利于建设工程的分工合作。

以分工为前提，工种之间的配合主要有以下三种：

① 性能配合（Performance Co-ordination）

② 工作配合（Job Co-ordination）

③ 尺寸配合（Modular Co-ordination）

①的方法顾名思义，应规定各工种对其所承担的

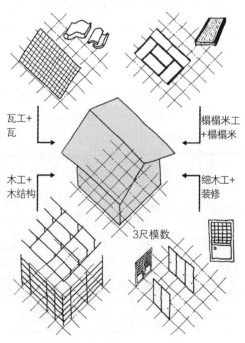

图1.46 木结构住宅的分工模式

工作应在何种程度达到何种性能标准。没有个别的性能标准，建筑物全体的性能目标也就无法实现。

②规定的是各工种分担的工作范围，尤其对于不同部位的工作或与多种材料的交接有关的工作必须明确。对构法的选择事实上也确定了各工种的工作顺序和分量，为了保证同一工种的工作连续性，有必要考虑如何高效率地安排工程的顺序和人员编制。

③对部位尺寸的规定采用的是模数的方法。要明确表示各部位的具体位置，一般采用按照一定规律设置的尺寸系列进行平面和立面设计，这尺寸系列相当于在平面图或剖面图等图纸上由一定间隔的基准线相交而成的网格。为了避免在建材和部品制作上的混乱和浪费，一般采用等间隔作为基准线，这间隔便是模数。

如图1.47所示，日本的木结构住宅里都采用了模数，最常用的模数是910mm（或3尺=909mm）。不过，尽管到了今日，不同地区之间的模数仍未统一，以910mm为模数设计的空间被称为"江户间"或"田舍间"，与此不同的有代表性的是"京间"，过去以近畿地区为中心普及的"京间"的模数是945mm（3尺1寸5分）。近年来，与传统尺寸毫无关系的模数1m也开始普及，我们称它为"米模数"。

对基准线与部品的位置关系有两种不同的表示方法：一种是基准线与构件中心重合的"心模"，另一种是以构件的外表面为基准线的"面模"。在这一点上，"江户间"与"京间"也存在着不同，"江户间"的柱梁全部采用"心模"，而"京间"则以柱子的两侧面为基准线，这两根平行的基准线的间隔与柱子的宽度相同。前者也被称为"心心制式"，后者也被称为"净跨制式"（图1.47）。

"江户间"的优点是：梁的长度是模数的整数倍，只要处于网格的交点，柱子可以自由地配置，但缺点是榻榻米的尺寸则无法成为模数的整数倍，而且因房间的大小不同榻榻米的尺寸也不同。

与此相反，"京间"的榻榻米的大小是一样的，可以交互使用，也方便交换，但柱子的设置位置却受到某种程度的限制。

采用模数进行建筑设计时，像"江户间"一样基准线以相同间隔排列的网格被称为"单模"，而像"京间"一样在网格的一部分或者全体，另外设置了更为细分的网格的方法被称为"双模"（图1.48）。

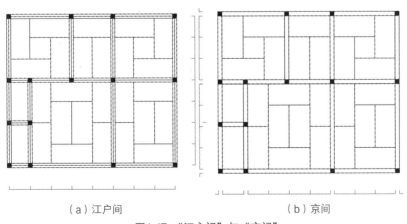

（a）江户间　　　　　　　　　　（b）京间

图1.47　"江户间"与"京间"

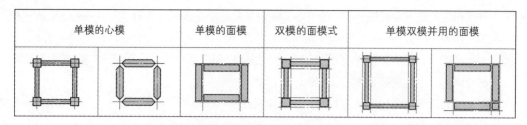

单模的心模	单模的面模	双模的面模式	单模双模并用的面模

图1.48　网格与尺寸制式

建筑的全生命周期与构法

构法的选择不能仅仅考虑建设阶段的因素以及最初的性能和设计思想，还应将建筑物的使用阶段直到将来的拆除，将建筑的全生命周期都纳入考虑范围。

对于使用阶段，我们必须考虑对建筑各部分的劣化和老化采取的应对措施，首先要有利于维护管理。为了使将来的检查或修理能够顺利进行，在设计的时候就应设置必要的工作空间和设施（图1.49）。

其次应考虑有利于建筑各部位的更新更换。建筑物的各部位和各种材料的耐久性（物理、化学上的劣化的快慢和大小程度）和耐用性（在设

图1.49　在外挂墙板内侧设置一圈可以作为外装修检修用的阳台（东京海上日动大楼本馆，前川国男设计）

计层面或性能层面的老化以及过时化）各不相同。因此，应按各部位和材料的不同更换周期采用相对独立的构法，当要更换寿命短的构件或部品的时候，不能干扰寿命长的部分。

特别是新制品或技术的开发周期比较短、在使用阶段中有可能频繁产生更新需求的设备系统，应设计为与其他部分易于分离。由于重视了有利于更新的要求，一种称为"SI方式"的设计思想在住宅建设中开始得到了应用。所谓"SI方式"是指把更新周期短的设备系统和装修部分的"填充体（Infill，I）"与耐久性和耐用性长的结构体的"骨架（Skeleton，S）"分离开来。

大多数建筑物交付使用以后，将来都得拆除。设计上还有必要采用有利于将来废弃物处理的构法。具体来说，各部的构法最好能在拆除的时候容易地分离、分解出各种材料，促进回收和循环使用。

此外，对于以临时建筑物为代表的设计使用年限较短的建筑物，应采用容易拆除和分解的构法，拆除后构件和部品应易于回收和保管，以提供以后再使用。

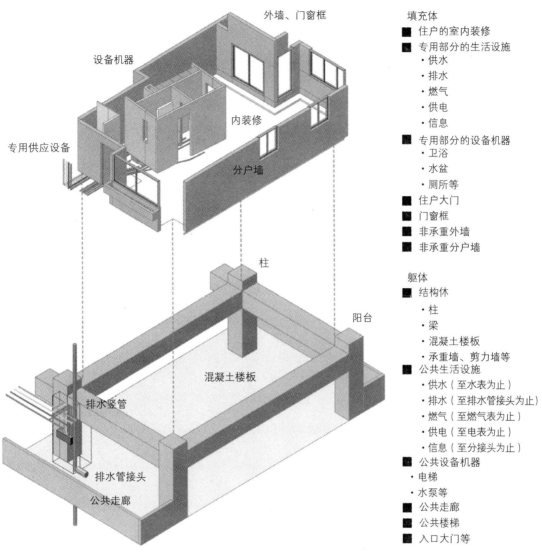

填充体
■ 住户的室内装修
■ 专用部分的生活设施
　　· 供水
　　· 排水
　　· 燃气
　　· 供电
　　· 信息
■ 专用部分的设备机器
　　· 卫浴
　　· 水盆
　　· 厕所等
■ 住户大门
■ 门窗框
■ 非承重外墙
■ 非承重分户墙

躯体
■ 结构休
　　· 柱
　　· 梁
　　· 混凝土楼板
　　· 承重墙、剪力墙等
■ 公共生活设施
　　· 供水（至水表为止）
　　· 排水（至排水管接头为止）
　　· 燃气（至燃气表为止）
　　· 供电（至电表为止）
　　· 信息（至分接头为止）
■ 公共设备机器
　　· 电梯
　　· 水泵等
■ 公共走廊
■ 公共楼梯
■ 入口大门等

图1.50　"SI方式"的设计思想（资料来自UR都市机构）

第 *2* 章

基础的构法

在本章，我们围绕建筑物与地基之间的构法的原理和种类，重点学习以下内容：

（1）为了使建筑物稳定地立于地面之上，首先要通过地基工程使其具备足以支撑建筑物荷载的强度。根据建筑物的规模和地基的状况，采取相应的构法。

（2）与经过地基工程处理的地基接触的建筑部位称为"基础"，基础也必须根据建筑物规模和地基状况，采取相应的构法。

2.1 地基工程

2.1.1 地基工程的定义

建筑物建造于地基之上，建筑物中产生的全部荷载通过基础传到地基。因此，在选择基础的构法之前，首先必须调查地基本身具有何种程度的承载力，然后再考虑选择何种基础形式能够使荷载最有效地传至地基。

所谓地基工程是指根据假设的基础形式，事先对地基进行相应的调查和操作的一系列工作。

2.1.2 地基与地层

地基指的是承载建筑物的从地表到地下数百米级深度的地中构成物的总称，主要由岩盘和土壤构成。岩盘主要由岩石块构成，岩石的上面或周围堆积着各种类型的土壤。而构成土壤的粒子则包含了"黏土（粒子直径0.005mm以下）""粉土（0.005～0.075mm）""砂土（0.075～2mm）""砾石（2mm以上）"等种类，由于其各自的混合程度、紧密程度、含水量等土壤性质不同，会在地面下自然形成不同的地层。因此，地基的承载力会因地点和深度而有所不同。图2.1表示的是地基状态的例子。

在松软的地基上，例如在切挖补填中造成的场地，或填埋而成的场地等建造建筑物时，可以采用捣固、固化的方法改良表层附近的土壤以提高其承载力，或采用桩基把荷载直接传至更深处的坚固地层。

荷载会把地基压实压密，尤其对于松软的地层容易产生沉降，其上的建筑物也跟着沉降。如果沉降是均匀的，只要沉降量在预测范围内并无大碍；但如果沉降不均匀，建筑物会产生倾斜，建筑物的重量也产生加剧倾斜的弯矩，我们把这种现象称为"不均匀沉降"，建筑物会由此对使用性能产生不良影响，必须不引起重视。

在填埋场地，地表附近有含水量较高的砂质层存在，发生地震的时候地基的砂质层会像液体一样产生流动，称为"液态化现象"。液态化现象会使地基急剧地丧失承载能力，导致建筑物的不均匀沉降甚至倒塌，是危害性极大的现象。在这种场地建造建筑物时，应当对地基进行必要的改良或采取其他有效的对策。

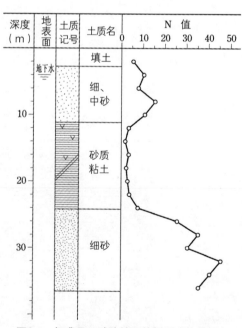

图2.1 标准贯入试验结果的例子（柱状图）

2.1.3 │ 地基调查

我们一般用地基的"（长期）容许承载力（kN/m²）"作为地基能够承受建筑物荷载的限度的指标。在地表附近可以采用平板载荷试验，在地面上则直接施加荷载测定地基的承载力（图2.2）。

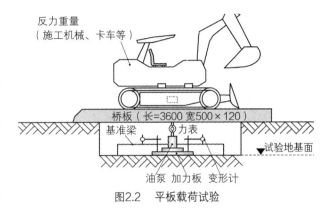

图2.2　平板载荷试验

对于地面以下的部分通常采取标准贯入试验（图2.3）等方法来调查N值（表示地基强固程度的指标），在考虑地质等因素的基础上推测出地基承载力。标准贯入试验是让63.5kg的重锤从76cm高度自由落下打击试验杆贯入地基，N值是贯入30cm深度所需要的打击次数。此外，利用采样器所采取的土质信息绘制杆状图（图2.1），由此能够大致掌握地层的状态，以N值和地质信息换算出地基承载力。

建设低层的独栋住宅时，多采取简易的"瑞典式探测试验"（图2.4）来代替标准贯入试验。瑞典式探测试验是将头部装配有螺旋钻头的试验杆贯入地基，如在小于1000N的荷载作用下能够直接贯入，取贯入时的荷载；1000N荷载作用下无法贯入，则进而转动试验杆并记录贯入深度为1m时的半回转圈数，以此换算N值和地基承载力。这是简易的调查，所以有必要结合该场地以往的使用履历、周边的地基状况以及建设条件等进行综合分析判断。

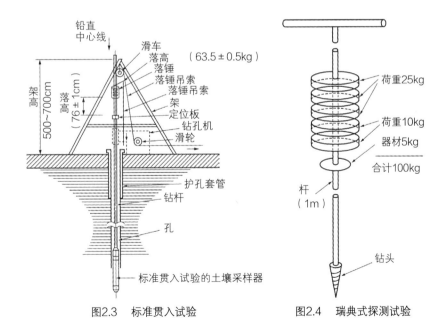

图2.3　标准贯入试验　　　　图2.4　瑞典式探测试验

2.2 基础工程

直接基础、碎石地基

　　直接基础，是指荷载通过建筑物与地基的接触面直接传至地基的基础形式。地表附近的地基状况良好，建造独栋住宅等荷载较小的建筑物时多采用这种基础。若地基承载力不足，还可以采取地基改良措施对地基进行加固后采用。

　　直接基础可分为：分别设置在各柱脚位置的**独立基础**，沿着墙脚连续设置的**条形基础**，以及用面状结构将建筑物整体支撑起来的**筏形基础**（图2.5）。

　　一般而言，基础底盘的面积越大，单位面积承受的荷载就越小。因此，地表附近的地基承载力较小时，采用与地基接触面积大的筏形基础较为有效。

　　在直接基础施工之前，首先要铺设碎石地基。碎石地基是在基础底盘下面的地基面上，铺设由原石切割成10～20cm左右大小的碎石，再用更小的砂石填充碎石的缝隙，转压捣实，碎石由此被压入地基，起到稳固和加强地基的作用。这里使用的碎石有时也用尺寸稍小的石块来代替。

　　铺设碎石以后，为了找平和放线的方便，通常在其上面打一层混凝土，然后在混凝土上进行基础的配筋和支模（图2.6）。

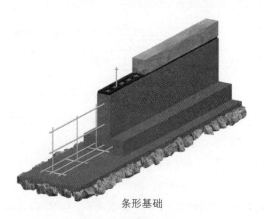

条形基础

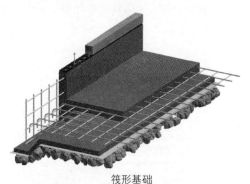

筏形基础

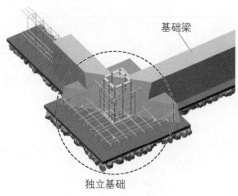

独立基础

图2.5　直接基础的种类

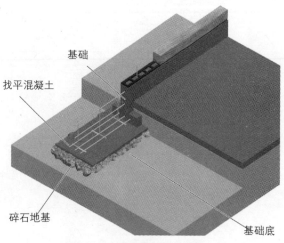

图2.6　碎石地基与找平混凝土

2.2.2 | 桩基础、桩基工程

如果使用直接基础不足以支持建筑物，可以设置延伸到更深处的稳定地层（以此为支撑层）上的桩，再在桩上构筑基础（独立基础）。如果没有适当的支撑层，也可以采用通过桩与地基之间的摩擦力来承载的摩擦桩。

设置桩基的工程称为桩基工程，分为预制桩和灌注桩两大类。

预制桩是直接将工厂预制生产的桩体（混凝土桩或钢桩）贯入地基，有通过打击的打入工法，有预先挖出桩孔而后将桩体埋入的**埋入工法**（图2.7），还有以静压把桩体压入地下的压入工法。打入工法会产生强烈的噪声和振动，使用上受到一定的限制。

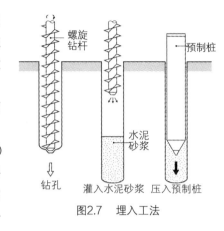

图2.7 埋入工法

灌注桩是在挖掘好的桩孔中设置钢筋笼，将混凝土灌入孔内，浇筑成钢筋混凝土桩体。根据挖掘方法的不同，可分为**套管工法**（all casing method，图2.8），**钻孔工法**（earth drill method，图2.9）和**逆循环钻孔工法**（reverse circulation drilling method）等。

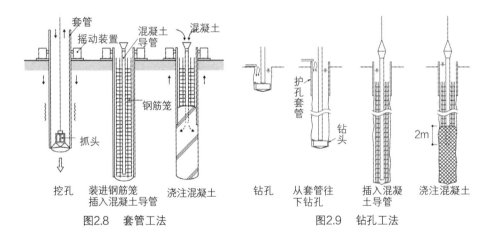

图2.8 套管工法   图2.9 钻孔工法

2.2.3 | 基坑开挖、挡土工程

地基工程中，首先是进行基坑开挖。在建筑设置了地下层等挖掘规模大且深的情况下，为了防止基坑侧面的崩塌，必须采取相应的对策。

如施工场地比较宽裕，通常采用在安全坡度的斜面下进行挖掘的**明挖工法**（open cut method）；如果放坡有困难，则要在坑的侧面设置**挡土墙**。基坑深度如高于地下水位，可以采用普通的透水墙，例如立桩式横向板桩墙，而如果基坑深度低于地下水位，则必须采用防水墙（图2.11）。防水墙的种类有钢板墙（sheet pile wall）、柱列（soil cement pillar line wall），以及现浇混凝土连续墙等。

除了工程规模较小、挡土墙能够凭借墙体自身承受侧向压力的情况之外，大都需要设置一定的支架构造来辅助承受土压。

最为普遍使用的支架构法是**水平支撑工法**，即在基坑的内部空间中架设水平支撑和横挡，以此来平衡侧向压力（图2.12）。而通过在挡土墙背面的地基内打入锚栓来保持固定的**地锚法**，可以省略基坑内部的水平支撑和支柱等支架构造，对地下工程的施工十分有利（图2.13）。

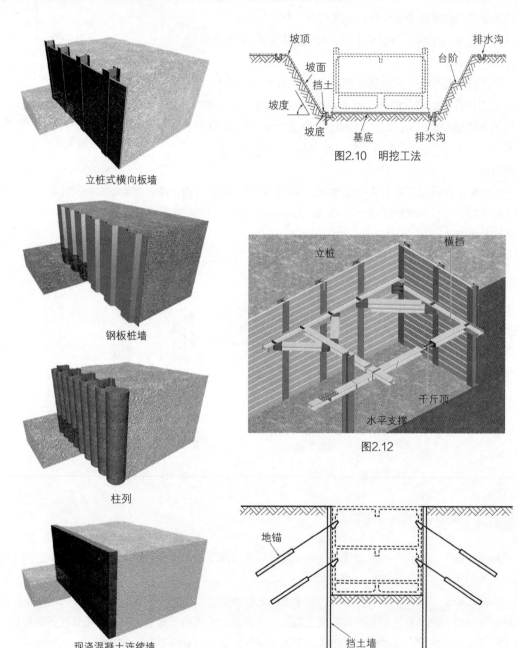

立桩式横向板墙

钢板桩墙

柱列

现浇混凝土连续墙

图2.11　挡土墙

图2.10　明挖工法

图2.12

图2.13

2.2.4 | 地下室

对于地下室来说，采取有效的对策防范周围地基水的渗漏和湿气极为重要。有在混凝土结构的外侧设置防水层的，也有在内侧设置防水层的。还有种较好的方法是在内侧设置双层墙体，在两层墙体之间的空隙内采取措施把水排走（图2.14）。

对于湿气，有必要设置通风道进行换气。

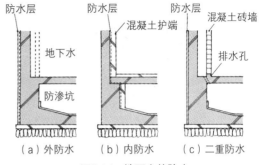

图2.14　地下室的防水

2.2.5 | 放线、放线架

木结构住宅等小规模的建筑物开工前，需要在业主和设计师共同在场的情况下，在场地上用绳子来确认建筑物的位置以达成共识。这称为放线（图2.15）。

位置确认以后，以放的线为定位标识设置放线架，具体是环绕场地设置龙门桩，其间搭设龙门板连接，在其上面重新拉水平标准线。这是为了保证撤去地面放线后仍能够识别各个基准位置（图2.16）。

在龙门板上标记水平标准线的定位位置，如果由于挖掘工程导致水平标准线发生松动，则需要根据定位位置重新放线。

基础浇筑以后，先在基础上面设置一圈底梁，在底梁的上面才开始架柱子和构筑第一层地板。在高温潮湿的日本，木结构住宅的基本构法之一，是让木材远离地面的"高地板式"构造方式。

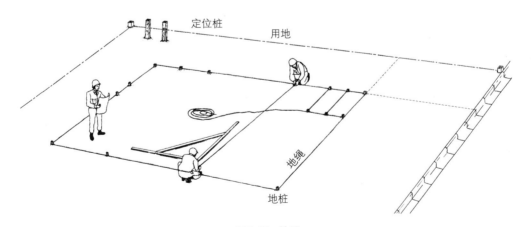

图2.15　放线

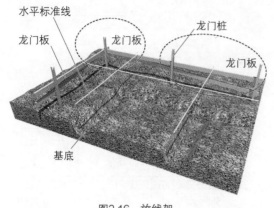

图2.16 放线架

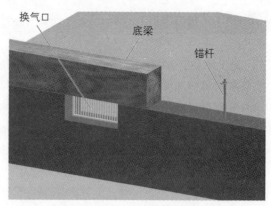

图2.17 在基础梁上设置的换气口

2.2.6 地板之下的工程

为了防范从建筑物下方的地面传来的湿气，应在地面铺设防湿毛毡等材料，同时保证地板下空间的通风换气。通风换气的方法包括：在地面以上的基础梁上设置开口并嵌入隔栅等成为**换气口**，或在基础上加一层垫板垫高底梁、利用基础与底梁之间的缝隙进行换气的**基础垫层构法**（图2.18）。如采用换气口，为保证有效性须考虑配置的数量、位置和间隔。

要减小地面传来的湿气所带来的影响，另一个有效的方法是在地板下浇一层有一定厚度的混凝土。筏形基础自身已经具备了，而对于条形基础则需要在没有基础的地表部分浇设（厚度不足时，可采取混凝土与防湿材料并用的方式），这一般被称为**防湿混凝土层**（图2.19）。

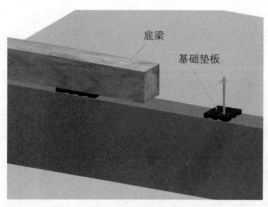

图2.18 基础垫层

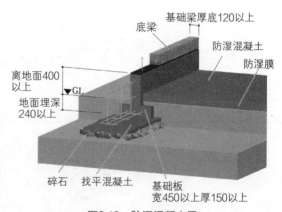

图2.19 防湿混凝土层

第 *3* 章

木结构 Ⅰ 常规梁柱构法

在本章，我们将以日本木结构建筑中最为普遍的常规梁柱构法的原理和各部分构法作为学习的重点。学习要点如下：

（1）木结构建筑中使用的木材是天然材料，其种类繁多，建筑构法需考虑与各种各样木材的性质相适应的使用方法。

（2）结构体由柱、梁、枋、底梁等多种构件组成，各构件所起的作用不同，需使用与之相应的构件形状和连接方法。

（3）屋顶、外墙、室内装修里使用了各种各样的材料，目的是通过合理的构法来保证达到各部位的要求性能。

3.1 材料

3.1.1 木材的性质

木材是相对廉价并且质地良好的材料，自古以来就被广泛地作为建筑材料使用。木材是一种比强度（单位质量的强度）高、保温隔热性能好的优良建筑材料，虽然因其是自然生长，与钢铁、混凝土等其他材料相比品质上的偏差比较大，但可以根据木材的结构特征，掌握它的物理性质和使用特点。

图3.1是原木的剖面示意图。如图所示，对于与木纤维方向各有所异的L、R、T方向来说，木材的物理性质有显著的不同，这种性质被称为木材的各向异性。与强度、收缩率相关的**直交异向性**如表3.1所示。

木材中所含水分的重量与木材完全干燥时的重量的百分比称为木材的**含水率**。木材含水率与木材强度之间有很强的相关性，木材越干燥，其强度越大。理论上，在木材尽可能干燥的状态下使用是最为理想的，但由于大气中也含有水分，木材含水率不可能达到0，所以将木材干燥至与大气湿度成平衡状态后进行加工和使用便可，此状态的木材含水率约为15%。木材的干燥方法包括架空存放的自然干燥和使用干燥机进行的短时间人工干燥。

由于树木有同心环状的年轮，根据不同的截取方法，会切出不同特征的木纹。图3.1中LT面所呈现的木纹称为弦切纹，LR面的称为直木纹。直纹面与弦切面相比，成品率低且价格昂贵，但翘曲或收缩等变形小，容易使用。木材不同切割部位的干燥收缩的趋向如图3.2所示。

表3.1 各向异性与性质

方向	L	R	T
强度比	20	2	1
因含水率变化导致的变形率	1	10	20

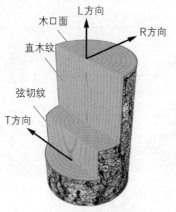

图3.1 木材的结构与各向异性

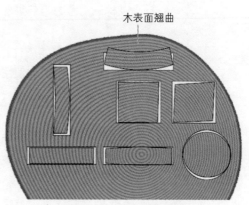

图3.2 木材的干燥收缩图

3.1.2 | 树种和材料强度

　　木材大致分为针叶树木材和阔叶树木材。**针叶树**笔直，容易使用，虽然比重较轻但具有必要的强度，可以加工为良好的结构构件。与针叶树相比，**阔叶树**结构复杂，因含水率的变化而导致变形大、比重大而且坚硬，一般用于室内装饰和家具。

　　作为建筑材料使用的树种以及其适用的部位和构件等在表3.2和表3.3作了归纳，一般来说，阔叶树比针叶树强度大。

因木材干燥而引起的变形和损伤

　　因木材干燥而引起的变形和损伤包括表面开裂、切面开裂、内部开裂、凹陷、歪斜、变色等，使用的木材如未经过充分的干燥，不可避免地会受到这些损伤所带来的不利影响（参见图3.2），因此必须使用经过充分干燥的材料（表3.4）。

表3.2　无等级材料的基准强度

树种		基准强度（N/mm^2）			
		压缩	拉伸	弯曲	剪切
针叶树	红松，黑松，花旗松	22.2	17.7	28.2	2.4
	落叶松，罗汉柏，日本扁柏，美国扁柏	20.7	16.2	26.7	2.1
	日本铁云杉，美国铁云杉	19.2	14.7	25.2	2.1
	枞树，云杉，冷杉，红松，杉树，美国杉，针枞	17.7	13.5	22.2	1.8
阔叶树	橡树	27.0	24.0	38.4	4.2
	栗木，栎木，山毛榉，光叶榉树	21.0	18.0	29.4	3.0

表3.3　树种与适用部位和构件

构件	树种
底梁	日本扁柏，罗汉松，美国扁柏，美国罗汉松
柱	日本扁柏，杉树，美国铁杉
横梁、楣枋	赤松，黑松，花旗松，美国铁杉，杉树，落叶松
屋架梁	赤松，黑松，花旗松，落叶松
楼板梁	赤松，黑松，花旗松，落叶松，美国铁杉
底层的楼板梁	日本扁柏，杉树，赤松，黑松，花旗松，落叶松，美国铁杉
斜撑	杉树，美国铁杉
檩，椽	杉树，赤松，黑松，花旗松，美国铁杉，落叶松

表3.4　木材的干燥方法

自然干燥	枯叶干燥	把砍倒的树木连带其枝叶在采伐地原样静置一段时间，通过叶子的水分蒸腾作用，促进树干的干燥
	架空干燥	加工后的木材之间插入架空木，存放在通风良好的地方干燥（图3.3）
人工干燥	干燥机	通过人工操控温度、湿度和通风，高效率地干燥木材。有多种不同干燥类型的干燥机

架空木

图3.3　加工后木材的架空存放

3.1.3 加工材

通过对木材的加工，将其制成适用于建筑应用的产品，这些产品称为加工材。在日本，出于施工合理化等目的，制定了加工材的《日本农业规格》（JAS）（表3.5）。

表3.5　用于结构的加工材的标准截面尺寸

木截面的短边（mm）	木截面的长边（mm）																						
15									90		105	120											
18									90		105	120											
21									90		105	120											
24									90		105	120											
27			45		60		75		90		105	120											
30		39	45		60		75		90		105	120											
36	36	39	45		60	66	75		90		105	120											
39		39	45		60		75		90		105	120											
45			45	55	60		75		90		105	120											
60					60		75		90		105	120											
75							75		90		105	120											
80								80	90		105	120											
90									90		105	120	135	150	180		210	240	270	300	330	360	
100										100	105	120	135	150	180		210	240	270	300	330	360	390
105											105	120	135	150	180		210	240	270	300	330	360	390
120												120	135	150	180		210	240	270	300	330	360	390
135													135	150	180		210	240	270	300	330	360	390
150														150	180		210	240	270	300	330	360	390
180															180		210	240	270	300	330	360	390
200																200	210	240	270	300	330	360	390
210																	210	240	270	300	330	360	390
240																		240	270	300	330	360	390
270																			270	300	330	360	390
300																				300	330	360	390

加工材里包含了木节或纤维倾斜等缺点，导致强度上有一定的偏差。因此，在加工材的JAS规格里对用于结构的加工材制定了等级区分，通过目视或机械计量进行分类，以便于根据不同的用途选择适合的材料。目视分级是通过对木节、形状的完整度、裂纹等缺点的程度来判别。机械分级是进一步使用机械和测量仪器测定其弹性模量，以弹性模量的值区分等级（表3.6）。弹性模量是关于材料的变形难易度的定量指标。

从作为原材料的圆木中切割出加工材的方式，称为取材（图3.4）。圆木的年轮在加工材的表面呈现为弦切纹或直木纹。弦切面取材可以取到宽幅材，成品率也高，但是容易发生宽幅方向的翘曲。直纹面取材则可以得到好的材料，但是宽度有限，成品率也不高。

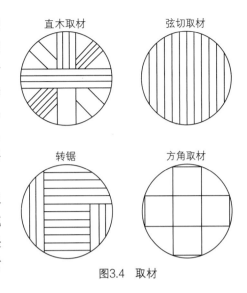

图3.4 取材

表3.6 以机械分级区分用于结构的加工材的等级标准

等级	弯曲弹性模量（10^3N/mm^2）
E50	≥3.9，＜5.9
E70	≥5.9，＜7.8
E90	≥7.8，＜9.8
E110	≥9.8，＜11.8
E130	≥11.8，＜13.7
E150	≥13.7

3.1.4 木质材料（工程木材）

加工材是从原木中切取出成品的材料，与之相对，以木材为原料，人工加工而成的材料称为木质材料。制造的原料是薄板、单板、各种碎片、木纤维等，使用粘结剂将这些片状的木材粘结成型。制品既有面材也有轴材，其中面材包括胶合板、纤维板、刨花板、直交配向刨花板（OSB）等，轴材包括胶合木、薄板胶合木（LVL）、平条胶合木（PSL）等。这些材料也经常被加上饰面板，用于室内装修。

木质材料与天然木材不同，其材质上的偏差比加工材小，还可以制造比加工材更粗、更大、更长、面积更广的材料。此外，还可以利用加工材无法使用的边角料作为原料，提高自然资源的利用率。

胶合板

胶合板是将奇数层的单板（veneer）、以纤维方向相互垂直叠交粘结而成的材料。与单一块的板相比，胶合板解决了因湿度的变化而引起的强度和变形的异向性问题，因而得到广泛的使用。原来主要的原料是柳桉木等东南亚的材料，由于近来原产地的原木采伐受到了限制，现在逐渐由柳桉木转向针叶树。此外，性能规格也在细分，有用于剪力墙的结构用胶合板，用于装饰底板的普通用胶合板，用于浇筑混凝土的模板用胶合板，用于饰面材料的饰面用胶合板等。

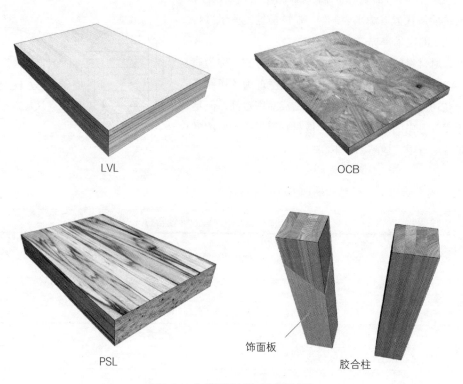

LVL

OCB

PSL

饰面板

胶合柱

图3.5 木质材料与木质结构材料

纤维板

纤维板是在经过蒸煮分解的木纤维里，加入合成树脂而制成的材料。它没有异向性，可以制作均质的、不易变形翘曲的大面积板。按其密度的不同分为以下三类：

软质板是最轻量级的材料，因其材质多孔，具有良好的隔热性、吸声性和调湿性。通过加入沥青可制成具有防潮性的围护板，用于外墙底层。

硬质板是纤维板中密度最高的材料，除了建筑以外还用于其他的工业制品。

密度介于这两者之间的称为中质纤维板（MDF），厚度的种类丰富。按所用粘结剂可分为三种，用于建筑底板或室内装修时一般使用具有防水性的种类。由于可以使用一般的木刨机或沙磨机进行加工，方便使用。其表面平整光滑，可以直接涂饰，也可以在其上贴面纸，所以还经常用于家具和橱柜等。

刨花板

将木材的刨花或碎片用粘结剂热压成型而制成的板材称为刨花板。与纤维板相比，构成的素材稍大，所以木材的性质略有残留，但异向性并不大。常用于地板的底板、家具和建筑材料的心材以及橱柜等。其隔声性和隔热性较高，厚度和大小都有丰富的品种可供选择。具有与结构用胶合板同等强度的大片刨花板（WB）和直交配向刨花板（OSB）也是刨花板的一种。

胶合木

胶合木是将薄板或小方角木材，对齐纤维方向粘结而成的材料，大致分为结构用胶合木和装修用胶合木两类。

结构用胶合木用作结构构件，具有加工材的约1.5倍的抗弯强度。胶合木由五层以上的厚度小于50mm的薄板层叠而成，越靠近应力大的外侧，所用薄板的品质和等级越高。

装修用胶合木的薄板厚度也在50mm以下，但薄板与薄板的连接可采用简单的对接。在整体门框商品里，很多使用的是外面贴了外皮的装修用胶合木。

与加工材相比，胶合木可以较低的成本制作更粗、更大、更长、面积更广的材料，还可以制作弯曲的制品，近来使用胶合木建造的大跨度木结构建筑也越来越多。

LVL和PSL

薄板胶合木（LVL）是将切薄的单板（厚度约2~4mm）对齐纤维方向层叠粘结而成的木质材料，结构用薄板胶合木和装修用薄板胶合木都有相应的JAS规格。与一般的胶合木相比，构成素材是更薄的单板，更易干燥，药剂更易渗透，而且层叠的层数越多，品质上的偏差就越小。现在将这类材料作为柱子和梁等主要的结构构件来使用的例子越来越多。材料本身的生产没有长度的限制，仅取决于运输条件。

平条胶合木（PSL）是将构成LVL的单板切成更细更长的木条，并沿轴向对齐层叠粘结而成的材料。由于其构成单位是比LVL更小的木条，所以强度上的偏差更小。除了被用作结构构件，其表面特色的纹理还往往被用于饰面设计。

3.2 **结构构法1**

3.2.1 | 常规梁柱构法

　　木结构梁柱构法是在日本古代的传统木结构的基础上合理化而成的，为了区别于工业化的预制构法，它通常被称为常规构法。

　　木结构梁柱构法是由柱、梁等线型材料构成，其特点是设计上的自由度高，改建和维修比较容易。

　　常规梁柱构法的构成包括底梁、柱、通天柱、横梁、枋、斜撑等构件的相互架设和连接，以及楼板结构和屋架结构等。

表3.7　构件和树种

使用部位	选择的要点	适合树种（胶合木除外）
底梁 底层地板梁	潮气较重，需具有优良的防蚁性能和防腐性	本土材料：日本扁柏，罗汉柏，栗木 进口材料：美国罗汉柏，美国铁杉
柱	笔直，木纹通直，加工性好	本土材料：杉树，日本扁柏，罗汉柏，日本铁杉 进口材料：美国罗汉柏，美国铁杉
二层楼板梁 屋架梁	抗弯强度大	本土材料：赤松，云杉，杉 进口材料：花旗松

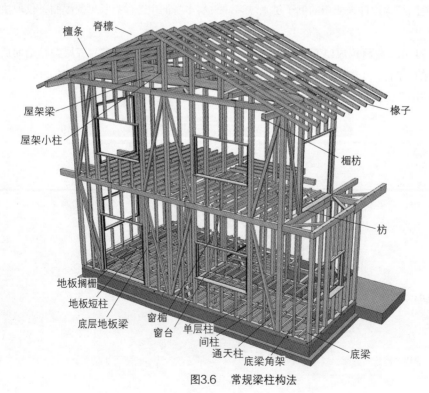

图3.6　常规梁柱构法

底梁

底梁是设置在基础之上的水平构件，它的作用是固定其上的柱，将由柱传来的荷载向下传递至基础和地基。

图3.7和图3.8是底梁周边的构法例子。底梁与基础通过配置在接头、梁柱交接处以及端部适当位置的地脚螺栓连接起来。

近年来，为了底层地板下面的换气，越来越多地采用在底梁和基础之间插入垫板，以此作为通风间隙的**基础垫层构法**，垫板的材料有砂浆混凝土和树脂。

此外，底梁离地基近，不但潮气重还容易受到白蚁的侵蚀，因此一般选用罗汉柏或日本扁柏等树种，并需做**防腐防蚁处理**。

底层地板梁与地板搁栅

底层地板梁是支撑底层地板上的荷载的构件。如与底梁连接，通常与底梁的上端持平。也有不与

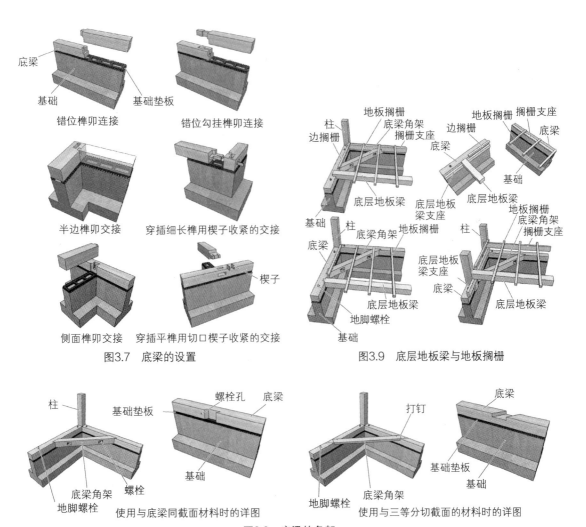

图3.7 底梁的设置

图3.9 底层地板梁与地板搁栅

图3.8 底梁的角架

底梁连接的，自身靠短柱支撑在设计的地板高度便可。

一层的地板搁栅是直接支撑地板的构件，使用榻榻米的话，其间隔一般是455mm，而使用木地板的话，其间隔一般为303mm，在承受集中荷载的部位还需要加密。搁栅与底梁一般采用打钉固定，但搁栅的截面高度较高的话也可以采用凹形接榫。

地板短柱

地板短柱是将底层地板梁上的荷载传至地基上的构件，地板短柱与底层地板梁、柱础之间采用榫卯插接，连接牢固。另外，需在与底层地板梁垂直的方向上添加横撑，防止地板短柱倾倒。如果地板的高度较低，或地板下面的空间非常有限，在充分做好地板下防潮的前提下，也有省略短柱、把底层地板梁直接坐落在基础混凝土上的直撑做法。

近年来，在片筏基础上使用钢制或合成树脂制的短柱来支撑底层地板梁的构法也逐渐得到普及。

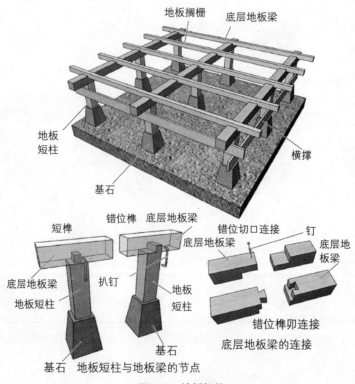

图3.10　地板短柱

底层地板

是指底层地板搁栅上所铺设的地板的底板，目前多使用12mm厚的胶合板。胶合板施工方便，且能有效地确保水平结构面的刚性，但就防潮对策来说，使用杉板比较有利。如果采用无搁栅构法，则需要使用24mm厚的结构用胶合板。

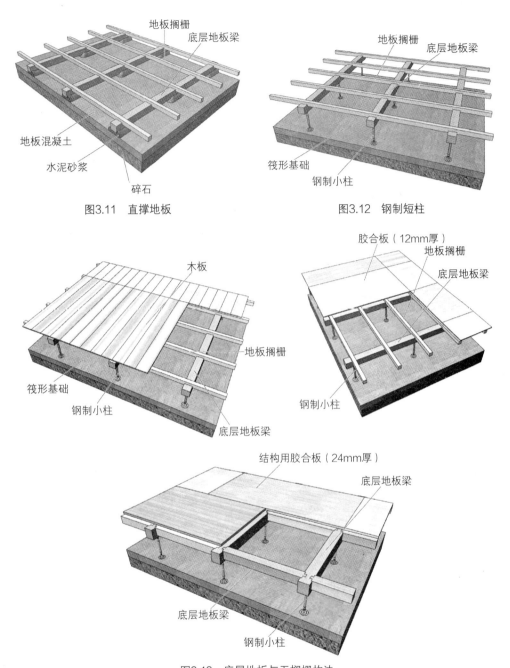

图3.11　直撑地板

图3.12　钢制短柱

图3.13　底层地板与无搁栅构法

柱

　　柱是将楼板、屋顶等构件上的荷载传至底梁的竖向构件。对于两层的建筑来说，柱有从一层连续到二层的**通天柱**，还有分别在每层设置的**单层柱**。

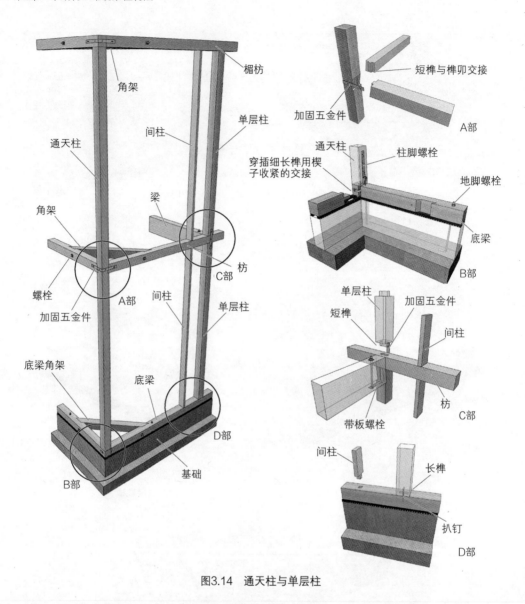

图3.14 通天柱与单层柱

在柱的上下端部使用榫卯和加固五金件与横梁等连接。在结构上必要的部位，需要配置锚杆防止柱头柱脚受拉拔出。

3.2.3 横梁、枋

柱上端所连接的水平构件称为横梁，横梁的作用是将承受的屋架或上层的荷载传递到柱，中间层的横梁还起到连接上下层柱的作用。（译者注：在日本，处于不同部位的横梁有不同的名称，由于过于复杂，本书统一译为"横梁"。）

比较大型的建筑物往往还会设置楣枋（图3.16）。

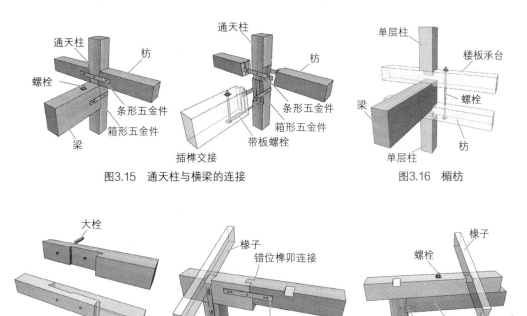

图3.15 通天柱与横梁的连接　　　　　　　　图3.16 楣枋

图3.17 横梁的接头与加固

原来以榫卯接合为主的横梁与通天柱的相交部，近年趋向采用五金件构法（图3.18）来代替。

3.2.4 **斜撑、横撑、间柱**

斜撑

　　斜撑是指为了抵御因地震和风产生的水平力，在底梁、柱、横梁等构件所围成的框架中，以对角线方向设置的斜构件（图3.19）。

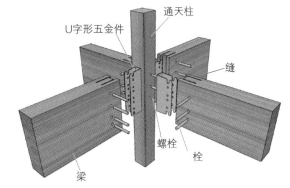

图3.18 五金件构法

　　斜撑有单向斜撑和双向斜撑两种，应尽量避免在其中切割产生欠缺。

　　在斜撑的两端，按斜撑的大小配置相应的五金件进行加固。斜撑受力时柱脚会产生浮力，应配置相应的锚杆与基础或横梁进行锚固连接，锚杆应避免与斜撑端部的五金件在位置上有所冲突。

横撑

　　横撑是指在明柱式墙壁的骨架中，柱与柱之间横向设置的构件。横撑插在柱子上预留的洞里，其间的缝隙用楔子收紧或打钉。

　　如图3.21所示，根据不同的使用位置，横撑分为地面横撑、下框横撑、上框横撑和吊顶面横撑，按其与墙、天花板等构造和饰面的关系来确定位置。

窗台、窗楣、竖框

在暗柱的墙的开口部位，需要设置相应的构件以安装门窗。窗台和窗楣应视为结构构件直接嵌入柱里用扒钉固定，与间柱也应连接并打钉固定。

如果窗的位置距离柱子较远，则在窗台和窗楣之间设置垂直的竖框。

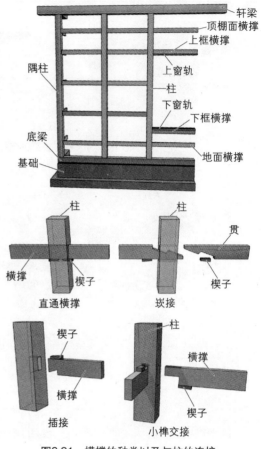

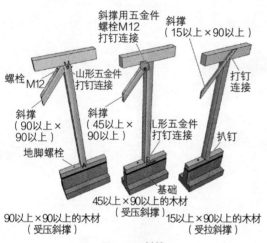

图3.19　斜撑

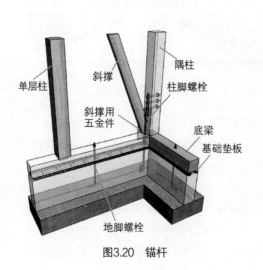

图3.20　锚杆

图3.21　横撑的种类以及与柱的连接

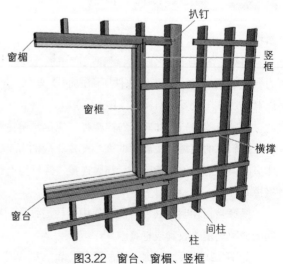

图3.22　窗台、窗楣、竖框

3.2.5 | 屋架、楼板

屋架

屋架是架设屋顶形状的结构，其构法和形式多种多样，应充分考虑挡雨防水的要求进行合理的选择。

日式屋架

日式屋架是在屋架梁的上面树立屋架小柱，在其上搭建檩条和椽子。屋顶的荷载通过这些构件传往屋架梁，换言之，屋架梁支撑着整个屋顶，因此应使用赤松、黑松、云杉等抗弯强度高的圆木或花旗松制成的木材。

由于木材的长度限制，三开间的宽度可为一跨，大于三开间的话，需要设垫梁在其上进行梁的连结。松木虽然强度高，但因为容易发生扭曲或弯曲，所以在跨度大的中间部位，应设置与屋架梁垂直的连梁对其进行约束，还应用连续的横撑把小柱连接起来，避免其倾斜或走位。

屋架梁的架设有搭接和榫接两种构法。**榫接**把柱头做成长榫，并穿过屋架梁与檐梁连结为一体，

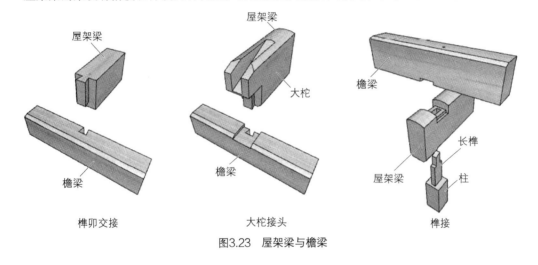

图3.23　屋架梁与檐梁

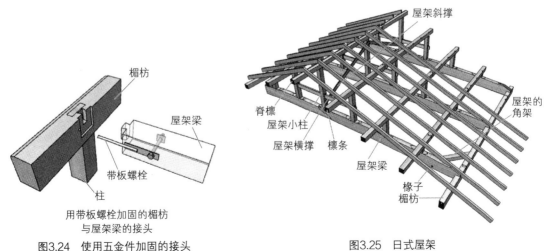

图3.24　使用五金件加固的接头

图3.25　日式屋架

因而柱子的配置位置受到限制。为了提高柱子配置的自由度，经常采用把屋架梁端部加工成大柁搭在檐梁上的**搭接**构法。

在两个屋顶面相交形成的阳角或阴角，需要分别设置相应的坡椽和构椽。

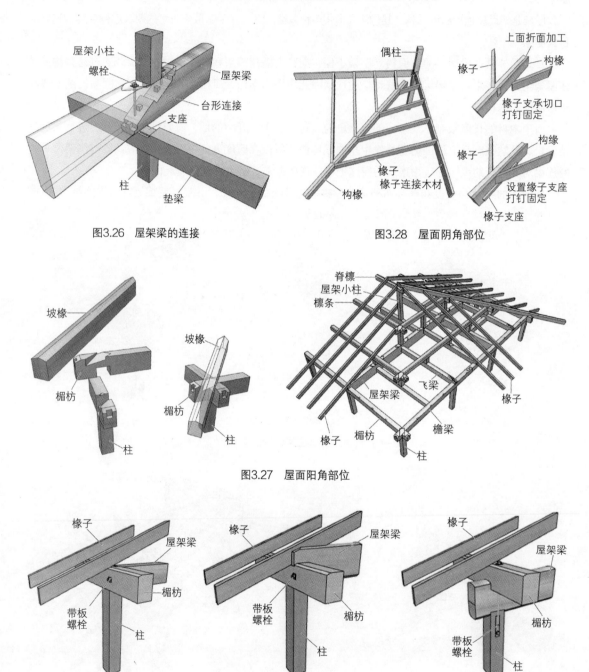

图3.26　屋架梁的连接

图3.28　屋面阴角部位

图3.27　屋面阳角部位

图3.29　搭接和榫接

西式屋架

西式屋架是一种**桁架结构**，在力学上合理地利用了木材纤维方向的强度。与日式屋顶相比，可以用小截面的构件组建出大跨度的屋面，经常用于学校、仓库等建筑物。它由上弦杆、下弦杆、中柱、斜撑杆、吊杆等构件构成，构件之间用五金件连为一体。

屋椽结构

这种结构省略了屋架小柱等构件，屋顶的荷载由屋椽直接承受并传递至檐梁。为了相互区分，通常将这种椽子称为受力椽子。

斜梁结构

顺着屋面的坡度设置斜梁，以此承受屋顶的荷载的一种屋顶结构。与屋椽结构一样，可以省略屋顶小柱等构件，经常用于不设置顶棚而显露屋顶的建筑物。

楼板结构

楼板结构起着支撑楼板的荷载以及悬挂下层顶棚的作用。通常设置楼板搁栅承载楼板，但近年来，不用楼板搁栅的楼板构法也在逐渐增加。

二层以上的楼板结构一方面要将楼板荷载尽可能均匀地传递给周围的柱子，另一方面要以楼板面的刚度提高建筑物的整体性，使结构体能够共同抵御各部分产生的水平外力。楼板应考虑上下层的平面布置、柱子的位置、层高、顶棚高度等因素，合理地选择构法。跨度较大时也可以选择采用钢梁。

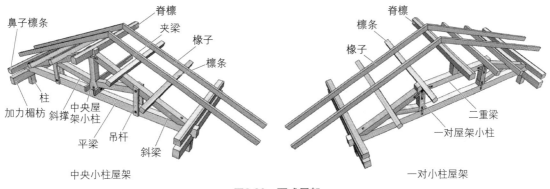

图3.30　西式屋架

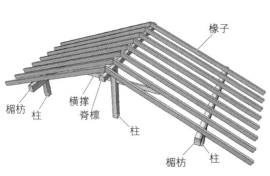

图3.31　屋椽结构

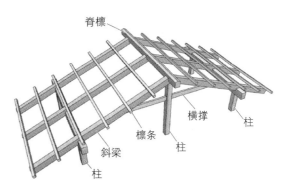

图3.32　斜梁结构

　　通常的构法是在梁上设置楼板搁栅，楼板搁栅上铺设胶合板，设置**角架**提高整体刚度。除此之外还有通过设置次梁代替楼板搁栅，在其上钉设厚胶合板的构法。

　　楼板梁（大梁）往往使用抗弯强度高的松木，应考虑上下层的平面布置、跨度、是否铺设顶棚等因素，合理决定梁的搭设方式、大小尺寸以及是隐蔽还是外露。

　　次梁以2到3尺的间距设置在大梁之间，顶部一般与大梁持平。

　　角架是在梁的交接处，为了形成三角形而斜向设置的构件，它起着提高楼板结构的刚度的作用。

　　二层以上的楼板搁栅一般使用45mm×105mm的日本扁柏、松木等木材，由于截面高度比较高，需要在与梁的连接处采取措施以免翻转。

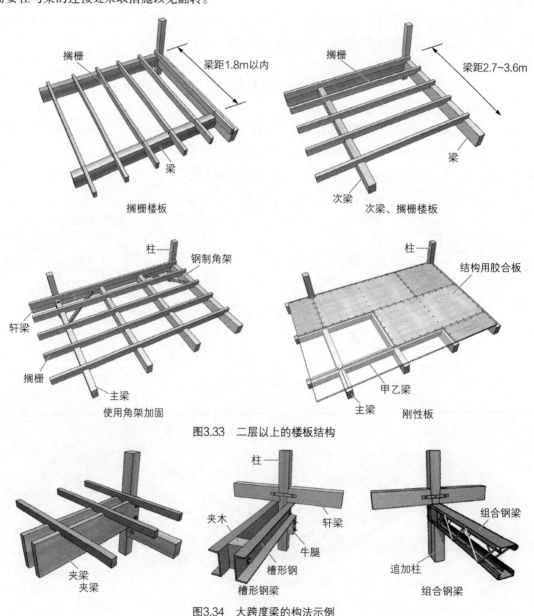

搁栅楼板

次梁、搁栅楼板

使用角架加固

刚性板

图3.33　二层以上的楼板结构

夹梁

槽形钢梁

组合钢梁

图3.34　大跨度梁的构法示例

3.3 **结构构法2**

3.3.1 | **接口和接头**

将构件沿纵向直线连接部位称为接口，构件之间带有角度的交接部位称为接头。接口和接头的形状多种多样，其设计的目的一般是使可见的部分单纯简洁，能够顺应因气候和时间变化而产生的木材收缩和翘曲，尽量减小截面缺失并避免强度的损失，等等。

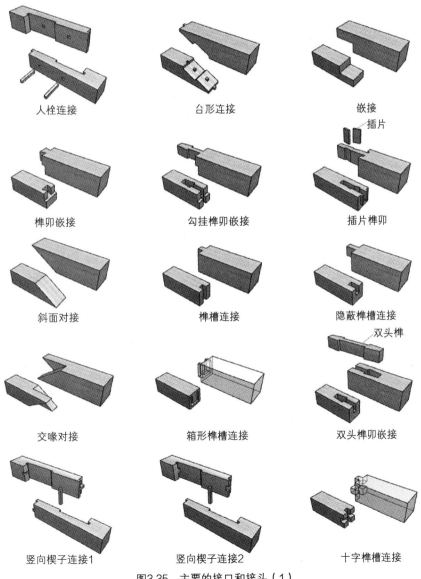

图3.35　主要的接口和接头（1）

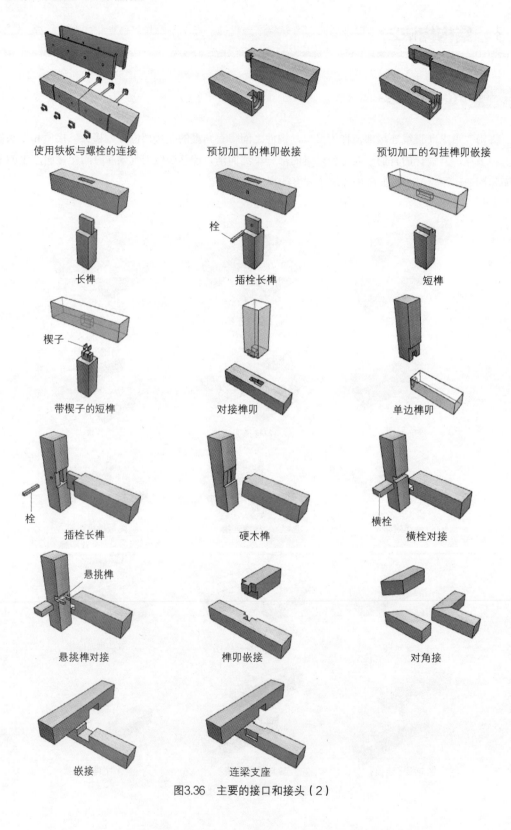

使用铁板与螺栓的连接　　　预切加工的榫卯嵌接　　　预切加工的勾挂榫卯嵌接

长榫　　　　　　　插栓长榫　　　　　　　短榫

带楔子的短榫　　　　　对接榫卯　　　　　　单边榫卯

插栓长榫　　　　　　　硬木榫　　　　　　横栓对接

悬挑榫对接　　　　　　榫卯嵌接　　　　　　对角接

嵌接　　　　　　　　连梁支座

图3.36　主要的接口和接头（2）

以前，接口和接头的加工都是靠熟练木匠手工制作的，近年来，随着机械化的发展，接口和接头多由机械加工而成，预先在工厂进行机械加工称为**预切加工**。

与使用凿子的手工加工不同，用旋转的刃具对木材进行加工，特别是对女木（带卯眼的木构件）的切割形状有一定的限制，因此，采用机械加工时往往要把传统接口和接头的平直切割面改为曲面形状。

3.3.2 | 加固用五金件

在现代的常规梁柱构法中，由于普遍采用胶合板和石膏板，建筑的刚度得到了提高，而梁柱本身的木材截面尺寸的减少导致了建筑物的韧性有所下降。此外，对于木结构房屋的抗震性能的要求不断

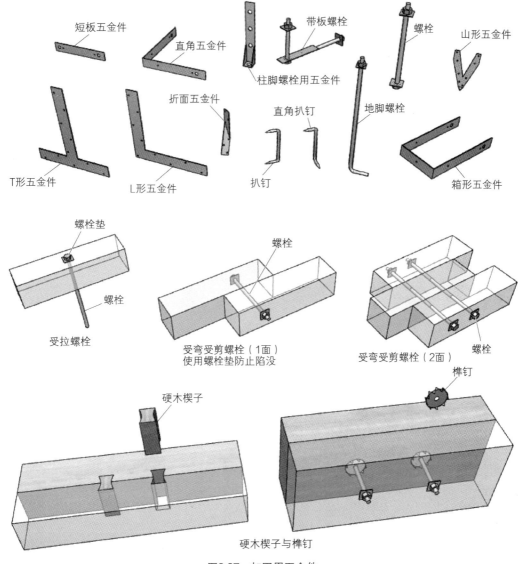

图3.37　加固用五金件

提高，为了确保建筑物有足够的韧性以及防止倒塌所需的极限承载力，普遍使用五金件对结构进行加固。

　　加固五金件（Z标记五金件）有很多对应不同用途的种类，使用时应选择必要的规格，按照标准进行施工。木材和金属是两种不同的材料，把它们用在一起也会引发一些问题，例如由于金属结露而引起木材腐朽、木材收缩引起五金件的松弛等，需对此采取相应的措施。

　　如受力大而需要使用螺栓，应使用垫圈防止螺栓头和螺母被挤压沉入木材。

3.4 **屋顶构法**

　　木结构建筑一般采用双坡顶或四坡顶等屋顶。为了避免墙壁受到日晒雨淋，屋檐往往比外围墙壁挑出一定距离。

　　屋顶构法应考虑当地的气候条件进行合理的选择，例如，在经常刮强风的地区采用缓坡顶，在多雨地区采用陡坡顶。另外，为了确保屋顶的防水性能，应选择与坡度相应的适当的屋面材料。

3.4.1 **屋顶的类型**

　　屋顶形状多种多样，如图3.39所示。下面介绍几种典型的屋顶。

四坡屋顶

　　从正脊向四个方向设置坡屋面，由于没有山墙面，因此防雨效果好。

歇山屋顶

　　在四坡顶上加上双坡顶的形状，称为歇山屋顶。在传统的木结构建筑中很多采用这种屋顶。

四棱锥屋顶

　　形状与四坡顶相似，但屋脊木集中于一个点上。由屋顶顶点处的短柱柱头，与四个檐枋相交的角部分别架设四根屋脊木（檩条），平面形状基本上为正方形。

双坡屋顶

　　最为基本的屋顶形式，由檐枋、梁、短柱、檩条、脊檩、椽子等组成的非常简洁明了的结构。由于屋顶的荷载由大梁承受，所以屋架结构应与平面设计同时考虑。双坡顶可以在山墙面上设置开口，但容易受到斜落雨的影响，应采取有效的防水措施。

单坡屋顶

　　相当于把双坡顶在脊檩的地方切掉一半，常用于小型的木结构房屋。

弓形屋顶和弧形屋顶

　　弓形屋顶和弧形屋顶的屋面不是平面，向上凸起的称为弓形屋顶，向下凹进的称为弧形屋顶。

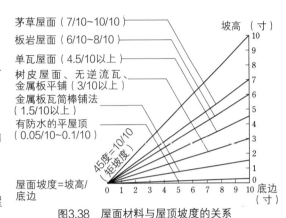

茅草屋面（7/10～10/10）
板岩屋面（6/10～8/10）
单瓦屋面（4.5/10以上）
树皮屋面、无逆流瓦、金属板平铺（3/10以上）
金属板瓦筒棒铺法（1.5/10以上）
有防水的平屋顶（0.05/10～0.1/10）
45度＝10/10 缓坡度
坡高（寸）
底边（寸）
屋面坡度＝坡高/底边

图3.38　屋面材料与屋顶坡度的关系

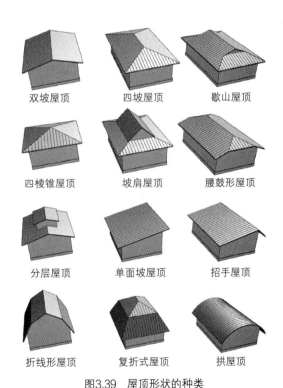

双坡屋顶　　四坡屋顶　　歇山屋顶

四棱锥屋顶　　坡肩屋顶　　腰鼓形屋顶

分层屋顶　　单面坡屋顶　　招手屋顶

折线形屋顶　　复折式屋顶　　拱屋顶

图3.39　屋顶形状的种类

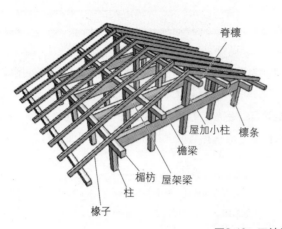

图3.40 双坡屋顶

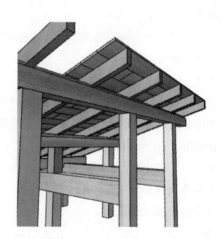

图3.41 单坡屋顶

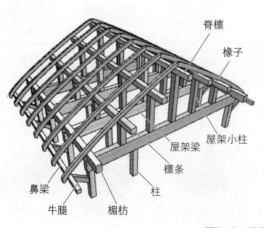

图3.42 弓形屋顶

3.4.2 | 屋面的铺设方式

　　屋面一般构成是在屋架结构的椽子上铺设底板，在底板上铺防水层，再在其上铺设屋面材料。现在底板往往使用胶合板，防水层铺的是油毡，但寺院、庙宇等建筑物现在仍采用传统的**木片防水**。

3.4.3 | 瓦

　　瓦是自古以来被广泛使用的屋面材料，不仅耐久性好，而且不可燃，保温断热性能也好。另外，瓦屋面自重较大，有利于抗风，但不利于抗震。

　　瓦具有多样的类型和形状，往往能反映出地区性陶瓷工业的个性。从材料来区分，有以黏土为原料的黏土瓦和水泥为主要原料的水泥瓦。在黏土瓦中，依据制造方法又可分为熏制瓦、琉璃瓦、盐烧瓦。

双瓦屋面

　　神社寺庙建筑的瓦屋面是由包括凸凹两种类型的平瓦和圆瓦交替层叠铺设而成。铺设这样的屋面需要铺土，因此屋顶的自重很大。

单瓦屋面

　　单瓦的形状是双瓦屋面的平瓦和圆瓦合二为一，在瓦的内侧附有一个突起，用来挂住屋顶底板上铺设的龙骨。在发生地震时，这个突起也能够防止瓦片滑落。

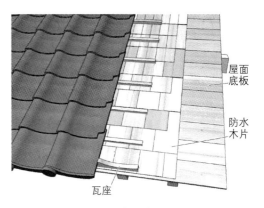

图3.43　木片防水

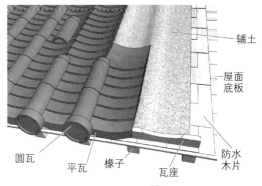

图3.44　双瓦屋面

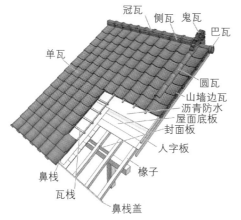

图3.45　单瓦屋面

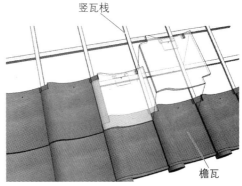

3.4.4 金属板屋面

常用金属板屋面材料包括镀锌铁板、铝板、不锈钢板、铜板等。铺设方式有平铺型、瓦筒型、波浪型和横铺型。

金属板屋面通过在材料接缝处设置"别扣"，可以有效地防止雨水渗透，从而可以采用较为平缓的屋顶坡度。坡度小的屋顶易于施工，能够使用更长更大的大片材料，有利于提高施工效率。此外，金属板屋面材料可以在施工现场比较容易地加工处理，能够适应复杂的屋顶形状。

另一方面，金属材料的隔热性能差，因温度变化而产生的伸缩变形也大，还需要采取措施对雨声进行防声隔声。

镀锌铁板

也称为熔融镀锌钢板，在锌表面形成的氧化膜起到了防水保护层的作用，即使因损伤而致铁板外露了，也会由于电离倾向的差别从锌开始氧化，从而起到牺牲自己防止铁板氧化的作用。此外还有熔融镀锌铝合金钢板，称为镀铝锌钢板。无论哪一种，一般使用的都是厚0.4mm左右的板材。

铝板，不锈钢板

铝板的特点是轻，并且表面形成了氧化膜保护层，很难发生腐蚀，但抗酸和抗碱的性能差，在其与混凝土接触的部位需要考虑防腐蚀措施。因其加工性好，常被用于制作瓦筒型的屋面材料。瓦筒型的屋面材料除了铝制以外，有的也使用不锈钢板。

铜板

铜板是一种高级的金属制屋面材料，具有良好的耐久性和加工性。表面氧化形成的铜绿表面不仅可以防止内部铜板的腐蚀，还非常美观。铜板的屋面一般采用平铺法铺设。

一字形铺法

使用长方形的金属屋面板，与屋脊平行从檐端向屋脊往上铺设。上下板的接缝采用小别扣，大约每30cm的间隔设置挂钩钩住面板，然后钉在屋面底板上。

分段铺法

使用长条连续的屋面板横向铺设，把板的上下两边弯折起来形成能够防止雨水倒流的别扣，经过

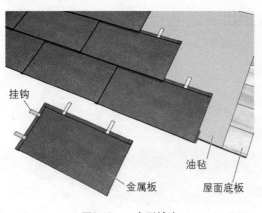

图3.46　一字形铺法

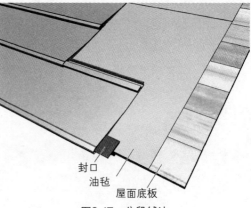

图3.47　分段铺法

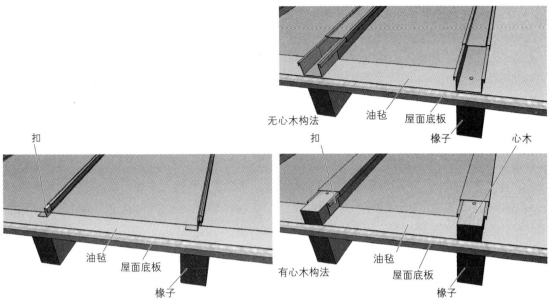

图3.48 竖扣铺法与瓦筒棒铺法

复杂加工而成的"别扣"有一种独特的厚重感，产生了很好的美观效果。

竖扣铺法

使用长条连续的屋面板沿椽子（流水）方向平行铺设，相邻的金属板边缘弯折起来形成能够防水的别扣，相互咬合。

瓦筒棒铺法

在平行于椽子（流水）方向等间隔所安装的瓦筒棒之间铺设U形板材，在板材和瓦筒棒上盖上盖板通过别扣连结。防水效果好，但由于使用的是长条连续的板材，应考虑防止被向上的屋面风载吹起。

3.4.5 板岩屋面

板岩屋面分为天然石板（粘板岩）和人造石板（水泥与纤维混合制品）两类，铺设一般采用平铺型（一字形铺法）。人造石板还可以生产出波浪形状，也可以进行表面的染色或压纹浮雕等加工来提高美观效果。

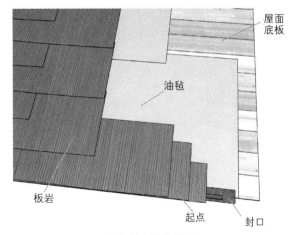

图3.49 板岩屋面

3.5 **外墙构法**

外墙不仅需要美观，还需具备防水、防火、隔声、抗震以及持久的耐候性等性能。

3.5.1 | 木板墙

木板墙

在日本产木材中，常常使用如杉树、日本扁柏、罗汉柏等相对耐潮的木材。标准的板宽约为105～180mm，按照铺设的方向分类，竖铺的称为垂直镶板，横铺的称为下叠铺板。对木板墙来说最重要的是防水性，接缝处应考虑即使进水了也能自动流出。

一般而言，外墙的板比内墙容易发生变形，为了保持美观，即使已经采用了搭叠接缝也还是加铺压板或压条较为保险。

垂直镶板

每隔约450mm设置一道18mm×45mm以上的横撑，在木板背面设置防水层。镶板的接缝形式有榫

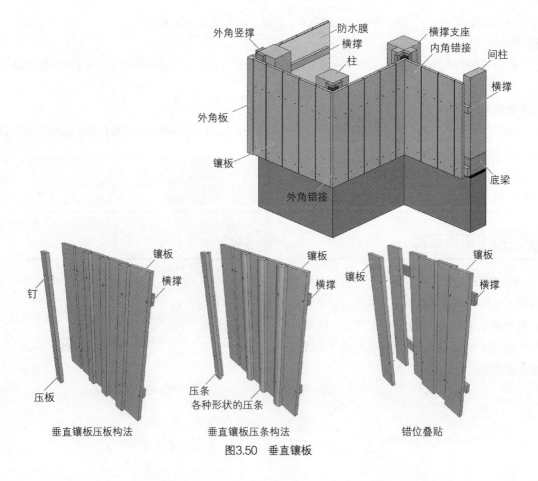

图3.50 垂直镶板

槽接缝、榫条接缝、木钉对接。木板应有足够的厚度以保证接缝的加工。

对于外角和内角部位，因为经年老化变形，板与板之间的接缝往往会发生间隙，因此应加厚防水层。

横向下叠铺板

木板横向铺贴在柱子或间柱上，其间设置防水层，贴板的柱子、间柱、横梁的面应在同一平面上。横向铺板分为压条铺法、竹节框铺法、中式下压板铺法、德式错叠铺法等几种类型。

压条铺法是在木板竖向接缝上加压条的构法，一般采用的是厚7.5mm、宽240mm的薄板，上下压叠约30～45mm打钉固定，竖向接缝上加15mm×45mm的压条打钉固定到间柱上。由于木板的厚度较薄，在外转角和内转角处很难完美地收尾，所以往往设置转角压条。

竹节框铺法与压条铺法类似，只不过是用外露的竹节形的竖框代替了普通的压条而已。这是一种比普通的压条铺法高档的构法，使用的木板也更厚。

中式下压板铺法的下压重叠搭接范围一般为30mm左右，外角和内角可以采用错接也可以采用斜口对接。**德式错叠铺法**的木板之间采用了错叠接缝，因而与中式下压板铺法不同的是墙面是平的。在外角处木板接缝会外露，因此设置竖条作为收尾。这两种铺法都不设置压条。

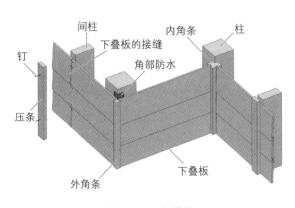

图3.51 压条铺法

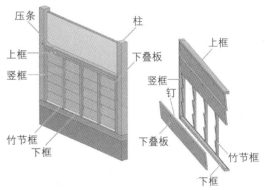

图3.52 竹节框铺法

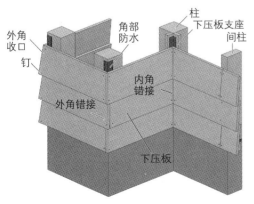

图3.53 中式下压板铺法

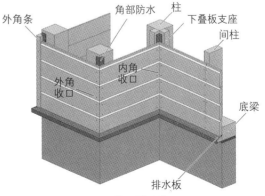

图3.54 德式错叠铺法

3.5.2 外贴墙板

无机系的外贴墙板是以水泥加纤维为原料，压模烧制而成的板状材料，在有高度防火性能要求的城市地区被广泛用来代替木板墙。它与木板墙同样有竖贴和横贴之分，作为工业制品，其规格和表面设计多种多样，铺设所使用的是专用螺丝，施工简单便捷。对于开口部周边以及与屋顶等的交接处，同样应采取相应的防雨措施。

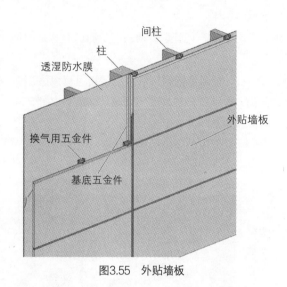

图3.55 外贴墙板

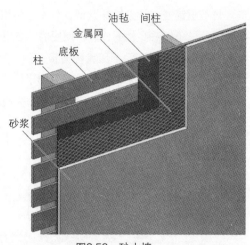

图3.56 砂土墙

3.5.3 砂土墙

砂土墙可以实现平整无缝的墙面，但是施工后需要有干燥等养护时间，而且抹灰的质量有赖于工人的熟练程度，此外还容易因老化表面产生龟裂。

砂土墙的构法一般先在作为底板的木板上贴防水层，在防水层上钉一层金属网，然后在其上涂抹砂浆。

饰面材料一般涂装砂面涂料、弹力砂面涂料、岩面涂料等，这些涂料也可以用于喷涂。此外，还可以在砂土墙上面贴瓷砖作为饰面。

在传统的明柱结构里一般采用竹筋土墙。它的构法是先在柱子之间设置横撑，在横撑之间用竹筋编织组成网格，以其为筋骨填涂泥土成墙。外墙的外表面涂的一般是灰泥。

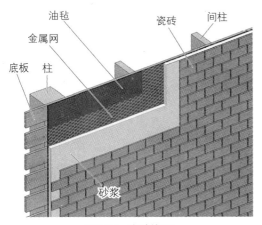

图3.57 瓷砖饰面

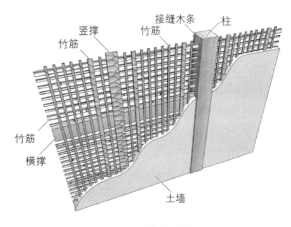

图3.58 竹筋土墙

3.6 内部构法

3.6.1 室内装修

地板的底板

近年来，在地板梁的上面铺设较厚的结构用胶合板，以其作为底板并在其上铺地板等饰面材料的构法越来越普遍。但也经常采用设置地板搁栅、在其上铺杉木板或胶合板并打钉固定的构法（图3.59）。设置地板搁栅与否，底板和面板的厚度都不一样，设计时应事先考虑周全。

地板

地板主要有单层实木地板，以及由实木贴面与胶合板合成的复合地板两种。虽然单层实木地板较为高级，而复合地板却具有实木所没有的很多优点。例如可以制造900mm宽的板材、因为强度和变形的异向性较小而能适用于地板采暖等，如在其表面贴厚度2mm以上的实木板，外观上与单层实木地板基本上没有区别。

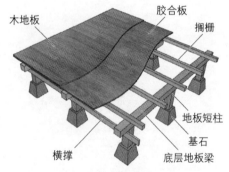

图3.59 有地板搁栅的地板构法

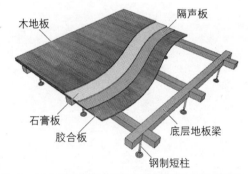

图3.60 没有地板搁栅而使用结构用胶合板的地板构法

根据直接铺在地板搁栅上，或者铺在有地板搁栅的胶合板的底板上，或者铺在没有地板搁栅的结构用胶合板底板上，所使用的地板的厚度有所不同。为此，地板的制造尺寸有各式各样的规格，小到宽30mm、厚8mm、长300mm左右，大到宽480mm、厚40mm、长约4800mm。一般使用的是宽60mm、75mm、90mm，长1820mm，厚15mm的规格，为了提高施工效率，也经常使用宽度为120～150mm的类型。最近，采用厚度为30～40mm的厚地板也有所增加，厚地板不仅有更好的步行感觉，对设计来说也增加了选择范围，例如二层的地板地面直接充当一层的天花板，可以省去吊顶（图3.62）。

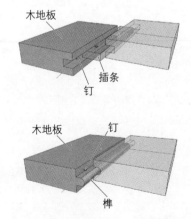

图3.61 地板的接缝加工（榫槽和插条）

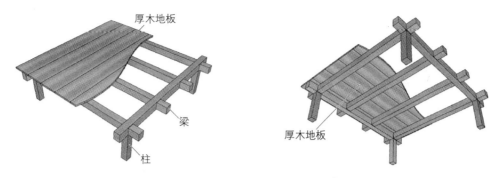

图3.62 地板、顶棚一体（外露设计）

榻榻米

榻榻米的厚度原本约为60mm，近来因为使用约30mm厚的结构用胶合板作为底板，为了与周围的木地板之间不产生高低差，也有使用厚约15mm的超薄榻榻米。由于15mm的榻榻米会丧失原有的步行感觉，因此也可以将作为底板的结构用胶合板的厚度减少到15mm左右，再在其上使用厚30mm的榻榻米。

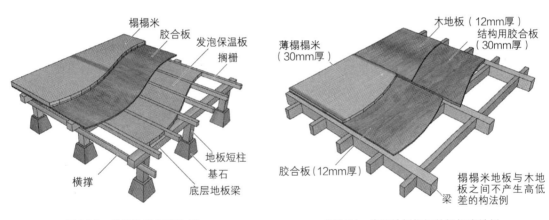

图3.63 常规的榻榻米地板

图3.64 省略地板搁栅的榻榻米地板

3.6.2 | 内墙

内墙有隐柱墙和明柱墙两种类型。隐柱墙是将柱、梁等构件包起来的墙，而明柱墙则是梁柱外露的，两种墙的构法有很大的差异。

隐柱墙

墙身较厚，可以把斜撑等构件都包起来，近年来被普遍采用。

在柱与柱之间，每隔约450mm设置一根与柱子同尺寸而厚度约为30mm的间柱，间柱的上下两端做成榫头或插口等接头。简易的构法是在柱和间柱面上直接铺贴木板或者其他板材，比较精细的构法是先在柱和间柱上设置横条作为基底，再在其上铺设板材。

明柱墙

传统的构法是在柱子上开洞，横撑从中穿过并用楔子收紧，从下往上依次设置下框横撑、中段横撑（2处）、上段横撑和天面横撑共5处，横撑的间距大约为600mm左右，而使用胶合板作面板的话，需要加设横撑使其间距在450mm以内。

近年来为了简化结构，往往把横撑直接钉在细长的间柱上，省去了开洞和楔子。

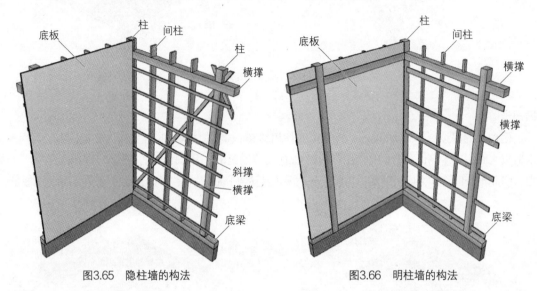

图3.65 隐柱墙的构法   图3.66 明柱墙的构法

木板墙

采用胶合板或石膏板等板材作为墙板，板材的接缝设在横条上，分别用钉子或螺丝固定。板与板之间是对接，需先对接缝进行填补找平，再进行表面涂装或贴墙纸等表面装饰。

砂土墙

砂土墙的表面用泥土、砂浆、灰泥、灰浆等涂装，基底一般采用竹筋编织并固定在横撑上，也有等间隔铺设细木条的，或者贴石膏板作为基底的，等等。在两侧的木柱上需设置镶槽（图3.67），以防止日后产生间隙。

镶板墙

沿木板的板宽两边设置接缝且并列排布的方式称为镶板。图3.68展示了几种不同的接合方法，其中简单的对接缝由于老化变形而容易产生间隙，现在一般已经不被采用了。对于内墙而言，为避免钉子外露，多使用榫槽或者榫条接缝。

外转角和内转角

外转角和内转角都是关系到设计美观和施工精度的关键部位，需要采用合理的构法细节。特别是对于明柱墙，柱和墙的接缝是外露的，需要在柱的侧面设置镶槽，用以包纳墙饰面的边缘，预防因干燥收缩而产生的间隙。

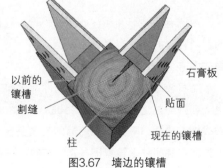

图3.67 墙边的镶槽

踢脚板

在墙和地板交接的部位需设置踢脚板。踢脚板不仅是满足美观的需要，还起到保护墙饰面的作用。

榻榻米收边和踢脚线

明柱墙构法中，榻榻米和墙之间通过设置榻榻米收边来填补空隙。木板地面则设置踢脚线，以防止损伤墙面。

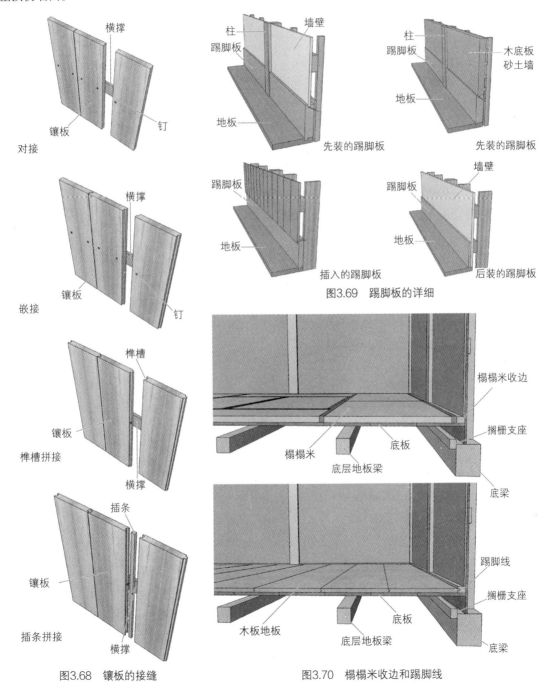

图3.68 镶板的接缝

图3.69 踢脚板的详细

图3.70 榻榻米收边和踢脚线

3.6.3 ｜顶棚

顶棚的种类

几种有代表性的顶棚的形状，如右图所示。

平顶棚，斜顶棚，尖顶顶棚，上折顶棚，折面顶棚，落差顶棚，弧形顶棚，圆形顶棚

顶棚的构法

顶棚的构法有以下几种类型。

方格顶棚，也称为网格顶棚，用于寺庙和书院建筑的客厅等，呈现出厚重而庄严的风格。网格用厚实的木材组拼，正方形的格子中嵌入的木板称为镜板。

杆条顶棚用于风格较为自由的日式房间，在屋架、梁、搁栅等通过吊杆设置吊顶龙骨，在龙骨下安装杆条，在杆条上铺设顶棚板。

拼板顶棚，顶棚板材的接缝外露，在日式和西式房间均有运用。

钉板顶棚，主要用于西式房间，将顶棚板材直接钉固在吊顶龙骨下。

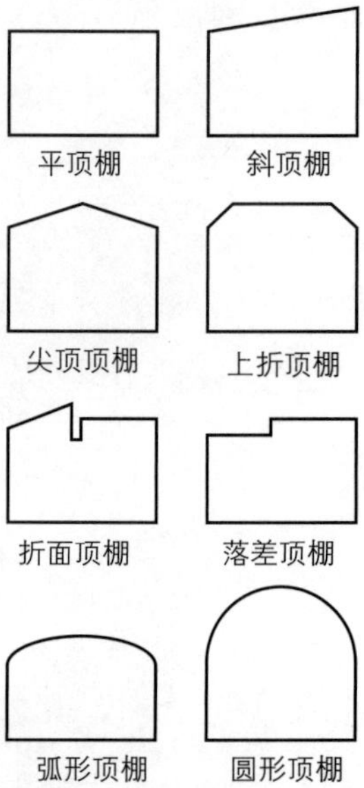

顶棚的高度

《建筑基准法》规定了不同房间的顶棚高度的下限，如表3.8所示。房间的面积大小不同，顶棚的高度给人的感觉也有所不同，大房间往往需要增高。由于日常使用椅子的缘故，同样面积的西式房间比日式房间的顶棚高度要高，尤其数寄屋风格的日式房间还应特意降低一点顶棚高度。

平顶棚　　　斜顶棚

尖顶顶棚　　上折顶棚

折面顶棚　　落差顶棚

弧形顶棚　　圆形顶棚

图3.71　顶棚的种类

表3.8

分类	顶棚高度
下列以外的房间	2.1m以上
面积超过50m^{2}的学校教室	3m以上

注：1. 顶棚高度为地板至顶棚板底端的距离

　　2. 同一房间中如顶棚高度不同，取其平均值。

顶棚的基底

吊杆是把龙骨吊在梁或桁架等结构上的构件，设置间隔约为900mm。吊杆并不是直接连接在梁或桁架上，而是通过特别的吊杆连接件间接连接。吊杆连接件的作用是把结构体的振动隔离不传递至顶棚，使用防振吊杆也可以达到同样的效果。如果顶棚上需要挂较重的设备，则有必要适当加固上部的结构构件。

顶棚龙骨直接影响顶棚饰面的平整，因此它应该是平直的，但由于人的错觉总觉得顶棚的中央往

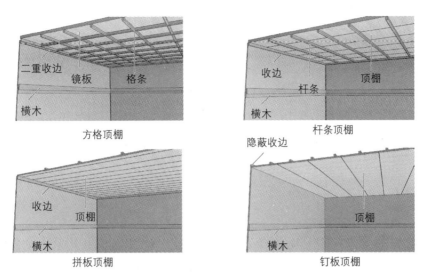

方格顶棚

杆条顶棚

拼板顶棚

钉板顶棚

图3.72 顶棚的详细构法

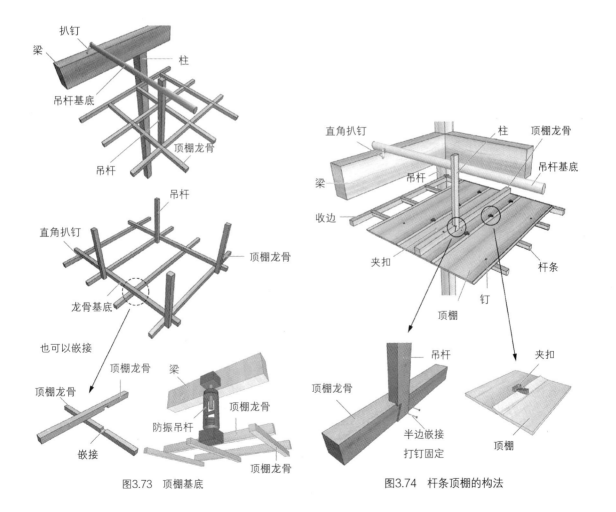

图3.73 顶棚基底

图3.74 杆条顶棚的构法

下垂，我们往往故意把中央部分做高一点，这样反过来使人觉得顶棚是平的。

杆条顶棚中，杆条上的顶棚板与杆条垂直铺设，杆条的间隔需根据房间的大小进行调整。拼板顶棚在设计上的特征是简洁平整，而顶棚板材之间的连接方式则有多种类型。

边缘和挡条的构法

与地板和墙的交接处设置踢脚板类似，顶棚和墙的交接处也设置周圈边缘作为遮挡和装饰。尤其是在日式房间中，周圈边缘是设计中较为讲究的部位，规格高的日式房间中更有采用双重周圈边缘的。此外，也有将周圈边缘隐形而呈露出细长的收口缝，顶棚面和墙面由此缝而分隔。

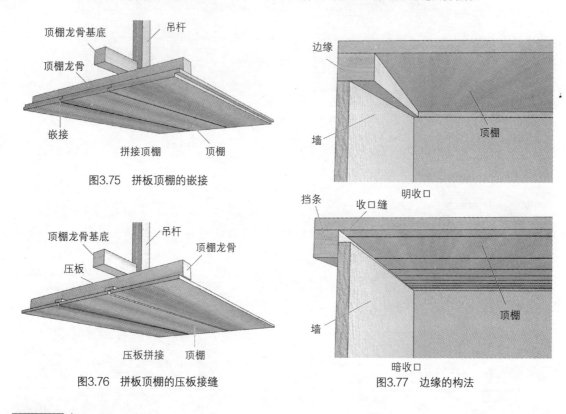

图3.75　拼板顶棚的嵌接

图3.76　拼板顶棚的压板接缝

图3.77　边缘的构法

3.6.4 楼梯

楼梯

楼梯是连结上下层的通道，设计必须保证使用者的上下顺畅和安全。上下的容易与否取决于踏高和踏面的尺寸关系。对于木结构住宅，踏高要小于7寸（210mm），踏面一般为8寸（240mm）左右，如有空余空间还应再放缓一点坡度。根据日本住宅金融支援机构（原日本住宅金融公库）制定的标准，踏面的宽度T（cm）与踏高R（cm）的关系，即$2R+T$的值应当控制在55~65cm。

图3.78　楼梯的尺寸

楼梯的有效宽度

根据《建筑基准法施性令》第23条的规定，楼梯的有效宽度应大于750mm。对于木结构住宅，在使用3尺（910mm）模数时，楼梯有效宽度约800mm，安装了扶手之后有效宽度变得更窄。尽管在2000年的法律修改中，宽度为100mm以下的扶手可以算入楼梯有效宽度，但随着老龄化社会的到来，除了扶手以外将来还有可能安装其他的升降设备，作为设计上的预备对策，楼梯的宽度设定为1000mm左右为宜。

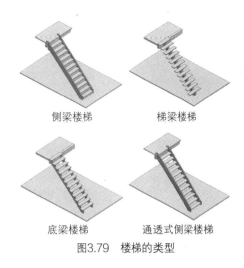

侧梁楼梯	梯梁楼梯
底梁楼梯	通透式侧梁楼梯

图3.79 楼梯的类型

休息平台

休息平台是较长的楼梯的途中，或者楼梯中途转弯处设置的平台。根据《建筑标准法》第24条，楼梯高度超过4m时必须设置休息平台，低于4m而踏步数超过16级时，也应设置。设计折返楼梯的休息平台时，应考虑大型家具搬送所需要的旋转范围来设定休息平台的宽度。

有效高度

如果楼梯间的上层有楼板覆盖，则需要在头部的上空留有足够的空间。

楼梯的种类

楼梯的构法有多种类型，木结构建筑中，主要包括侧梁楼梯、梯梁楼梯、底梁楼梯，还可以省去踏面之间的踢板做成通透式的楼梯。

侧梁楼梯，将踏面板两端插入侧梁而成的楼梯，是最常用的构法。

梯梁楼梯，把梁加工成梯形，支撑其上的踏面板，设计上的意图是把梁隐藏在楼梯的下面。

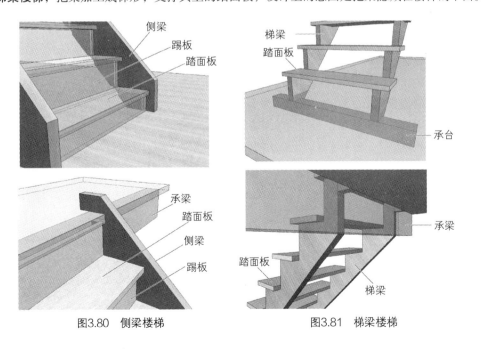

图3.80 侧梁楼梯　　　　　　图3.81 梯梁楼梯

底梁楼梯，梁设在楼梯的下面，也是梯形的梁，只不过更粗大而已。仅用底梁支撑踏面板的情况不多见，大多数情况是踏面板的某一端固定在侧面墙上。

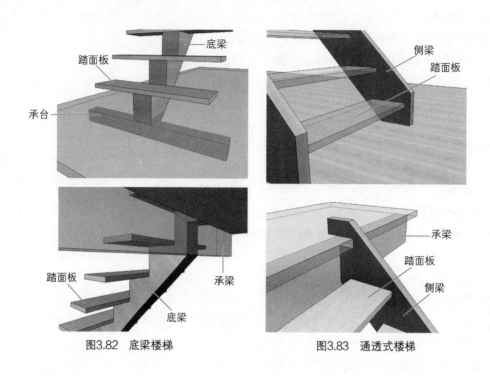

图3.82　底梁楼梯　　　　　　　图3.83　通透式楼梯

3.6.5 | 开口部

建筑物为了应对人的出入、采光、换气通风等需要而设置开口部。在开口部需要安装门或窗，而大多数门窗是由工厂制造在市场上流通的部品。为了安装和固定门窗则需要设置门框、窗框，并应与结构体牢固连接。面对外部的开口，必须考虑防止雨水的侵入。近年来，为了提高建筑的保温节能效果，还要注意加强开口部的气密性。

门窗的开闭形式

根据门窗的不同用途，有不同的开闭形式。图3.84中归纳了各种开口部的形式及其在图纸上的对应符号。

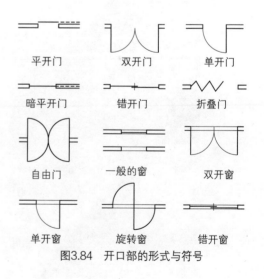

图3.84　开口部的形式与符号

铝合金窗

建筑用的窗，有金属制、塑料制、木制或者几种材料复合等各种样式。

在住宅中，铝合金窗已经被广泛地使用，图3.85所示为明柱墙的安装，图3.86所示为隐柱墙的安装。无论哪种墙，窗框都是由柱和间柱支撑着上下框，在框中嵌入窗户。在外墙一侧需要仔细进行防水处理，在室内侧则可以通过设置窗额盖住窗框并与内墙面平齐。

传统的开口部

明柱墙为了配合建筑物的风格往往采用传统的开口部。首先是把柱作为门窗的边框，上下还分别安装门窗的上轨和下轨。

格窗

在顶棚和上框之间的兼具采光通风和装饰作用的开口部，称为格窗。

根据设置位置和用途，主要分为分隔格窗、采光格窗、走廊格窗、客厅格窗等。

壁龛

在传统的日式房间客厅里，为了在墙上挂置绘画和陈设装饰品，一般会设置一个略高出地面的木板壁龛，壁龛里的柱、排杆、高低木板架等都非常讲究，形成独特的风格。

高规格的壁龛，壁龛柱使用的是柏树大切面木材，在数寄屋风格的影响下，也采用带木节的原木等珍贵木材。

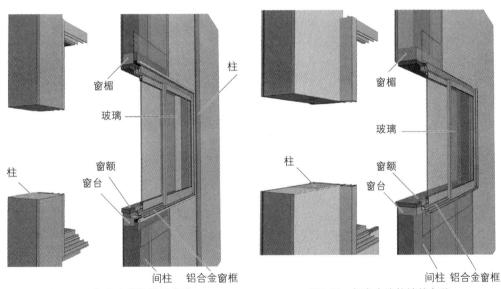

图3.85　铝窗在明柱墙的安装　　　　图3.86　铝窗在隐柱墙的安装

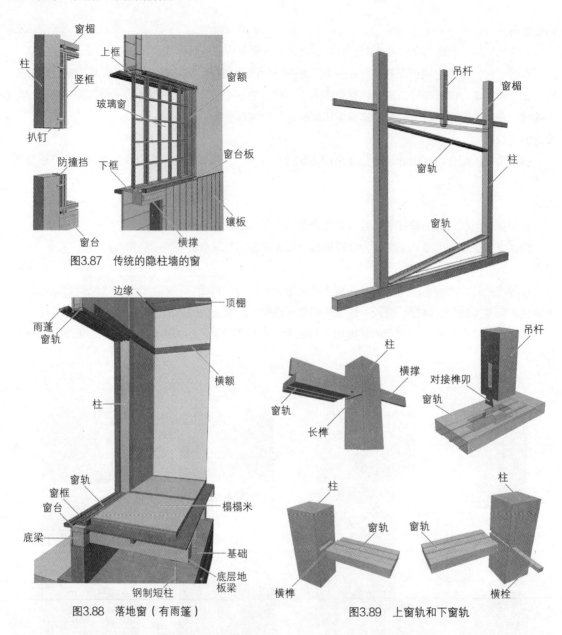

图3.87 传统的隐柱墙的窗

图3.88 落地窗（有雨篷）

图3.89 上窗轨和下窗轨

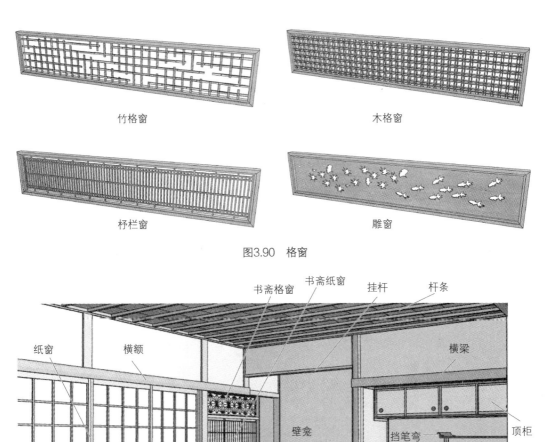

竹格窗

木格窗

杼栏窗

雕窗

图3.90 格窗

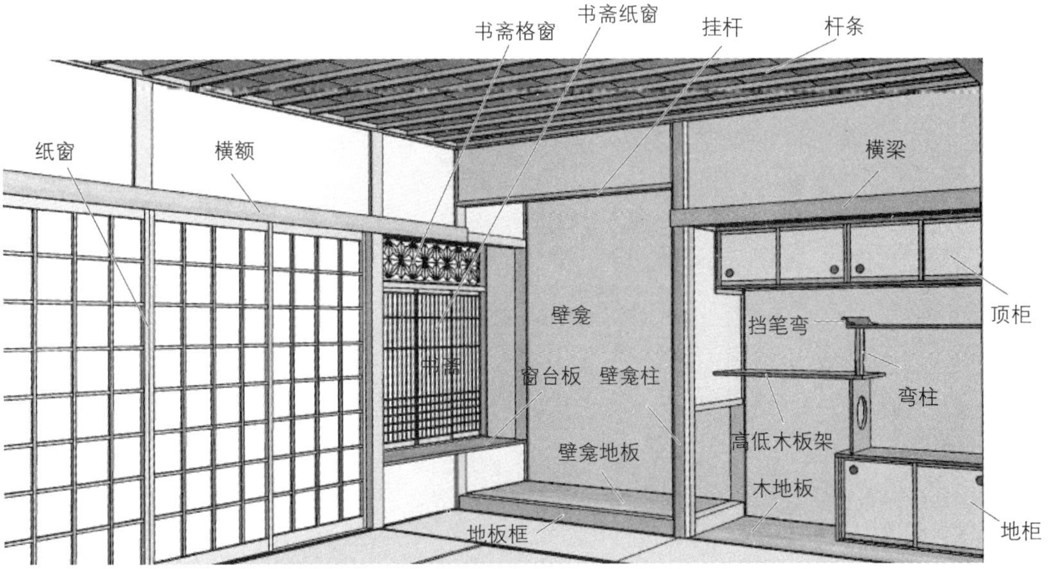

纸窗　横额　书斋格窗　书斋纸窗　挂杆　杆条　横梁

书斋　壁龛　顶柜

窗台板　壁龛柱　挡笔弯　弯柱

壁龛地板　高低木板架

木地板　地柜

地板框

图3.91 壁龛

第 *4* 章

木结构 Ⅱ 其他结构构法

在本章中，作为常规梁柱构法以外的木结构构法，重点学习轻木构法和圆木构法。学习要点如下：

（1）轻木构法起源于北美的承重墙构法，在日本也普遍采用。它的特点是木材和胶合板都规格化，结构以钉合为主，与常规梁柱构法有不少差异。

（2）圆木构法在世界各地都有悠久的历史，与其他木结构构法不同，它是将木材横着砌积墙体，属于砌体结构的一种。其关键在于木材之间的嵌合与间缝的处理、墙与墙交接的处理、开口部的构法等。

4.1 轻木构法

4.1.1 | 概述

轻木构法是在19世纪的北美西部拓荒时代开发的构法。主要材料为种类有限的规格木材（用于板框或墙框）及胶合板。先使用规格木材做大板的框架，在其上钉结构用胶合板成为复合大板，再以同样的方法构筑房屋的墙体和楼板等。木材的尺寸规格是英制，典型截面尺寸为2英寸×4英寸，因此在日本把这个构法称为"2×4构法"。

在北美的轻木构法中，还有先墙后板构法和先板后墙构法之分。

其中，先墙后板构法的历史比较古老。如图4.1所示的二层房屋，首先立起两层高的墙框作为支柱，而后是先盖屋顶后建二楼的楼板。与此相反，现在普遍采用的先板后墙构法是首先设置刚度较大的地板，一层的墙框等垂直构件全部立在地板的上面，高度为一层高，上面也是先架二层楼板然后才立第二层的墙。

对这种源于北美的轻木构法，结合日本的抗震要求、防火标准以及施工条件等进行了改进，1974年公布了《建筑基准法》的关联告示"轻木结构工法"作为技术标准，由此在日本开始全面普及。

与木结构的常规梁柱构法相比，轻木构法的最大不同点是由规格木材和胶合板拼成的承重墙结构，其次是使用的木材尺寸规格的种类少，再有是木材的连接和拼装都是采用钉合和金属片，不但简洁，而且施工所需的工序以及工作时间较少，对工人的技术熟练程度也要求不高。从施工的方便性来看，与常规梁柱构法不同的是，轻木构法一般是先架地板后立墙，因此墙体的拼装可以在地板上进行。

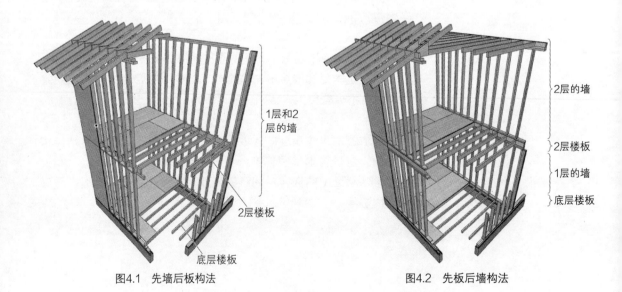

图4.1　先墙后板构法　　　　　　　　　　图4.2　先板后墙构法

日本引进该构法以后不断对其开发改进，最初只能用于建设两层以下的房屋，而现在已实现了耐火结构（注：墙、柱、地板等建筑物的结构构件，都符合政府制定的耐火性能技术标准的结构），可以用于四层建筑以及住宅之外用途的建筑。

轻木构法的结构体都是以结构用胶合板完全覆盖，因此较容易保证高气密和隔热保温性能。发生火灾时，作为墙板和楼板的板框木材能起到阻止墙体内的火焰传播（阻火）的作用，从而使火焰较难传播到上层。但其弱点是楼板容易形成闭锁的空间，像大鼓一样的回响有碍于上下楼层的隔声。其对策之一可以不把下层的天花板直接贴在楼板下，而采用吊顶等方式。

4.1.2 材料

规格木材的尺寸由《日本农业规格》（JAS）制定（表4.1），例如，"2×4木材"的厚度为38mm，宽度为89mm。这是引进了北美现在的规格，在原尺寸2英寸（约50.8mm）和4英寸（约101.6毫米）的基础上分别减去约1/2英寸而得。市场上流通的木材长度则是将英制（1英尺=约304.8mm）换算为公制出售。

此外，胶合板的规格有宽910mm×长2430mm、1220×2430mm等。

表4.1　轻木构法使用的规格木材的尺寸

尺寸形式	读法	厚度（mm）	宽度（mm）
104	One by four	19	89
106	One by six	19	140
203	Two by three	38	64
204	Two by four	38	89
205	Two by five	38	114
206	Two by six	38	140
208	Two by eight	38	184
210	Two by ten	38	235
212	Two by twelve	38	286
304	Three by four	64	89
306	Three by six	64	140
404	Four by four	89	89
406	Four by six	89	140
408	Four by eight	89	184

注：表中为干燥木材（含水率低于19%）的尺寸规格。
来源：轻木结构用木材的《日本农业规格》（表中"读法"源于日本轻木结构JAS协会网站）。

4.1.3 结构构法

基础的构法与常规梁柱构法基本一样。引进初期，采用了北美先板后墙构法，用框木和胶合板组装底板而没有设置底梁，现在的主流则是采用类似于常规梁柱构法的做法，用404木材先铺底梁（图4.3），在底梁的上面再设置框木，钉上结构用胶合板组装成一楼的楼板。

轻木构法的墙体，是在框木（图4.4）上钉结构用胶合板而成的复合大板。框木的组装工作是在已经建好的地板或楼板上平放的状态下进行的，组装完成后立起来，设置到所定位置（图4.5）。

由此组装而成的墙板上部采用横木连接为一体。保温材料则是充填在框木与框木之间。如需设置窗户，窗户下面需设窗台框，上面需设窗楣框。

建筑二层以上的房屋时，在下层墙的上面组装上层楼板。

屋架（图4.6），一种构法是首先架设屋脊梁，椽子架在屋脊梁的上面。另一种构法是架设板状屋脊，椽子则搭接在板状屋脊的两侧。对于仅有椽子不足以承受荷载的、跨度较大的屋顶可以采用桁架方式（图4.7），桁架可以在地上预先组装再架设排布，顶部与板状的屋脊交接，屋脊可以起到防止倾倒的作用。此外也可以采用常规梁柱构法的屋架构法。

规格木材与结构用胶合板，以及各部位的接合处多是打钉接合，此外还添加连接五金件加固。例如，墙的上端与椽子的交接、底梁与墙的连接使用图4.8、图4.9所示五金件。现在，轻木结构的施工也经常采用先在工厂组装成大板，再运往现场架设的工业化方式。

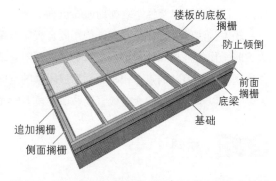

图4.3　用404规格木材铺的底梁以及其上的组装地板

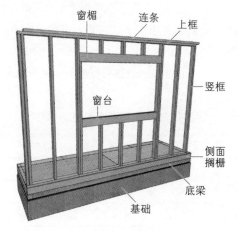

图4.4　墙

图4.5　组装墙框的树立

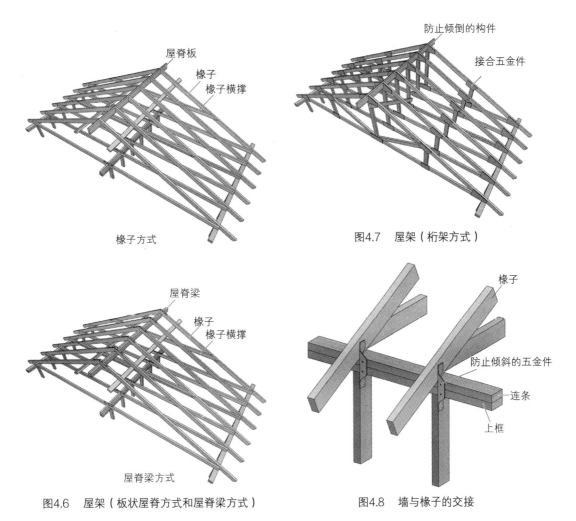

屋脊板
椽子
椽子横撑

椽子方式

防止倾倒的构件

接合五金件

图4.7 屋架（桁架方式）

屋脊梁
椽子
椽子横撑

屋脊梁方式

图4.6 屋架（板状屋脊方式和屋脊梁方式）

椽子

防止倾斜的五金件
连条
上框

图4.8 墙与椽子的交接

竖框
角柱

侧面搁栅

下框
前面搁栅
底梁
基础
带状五金件

图4.9 底梁与墙的连接

4.1.4 内外装修的构法

轻木结构内外装修的构法基本与常规梁柱构法类似，但原来是源于北美的构法所以采用西洋风格的装饰较多。屋面一般采用西洋瓦或住宅用的板岩屋面，外围墙则经常采用外贴墙板或金属网抹灰墙等方式。

内墙面一般不使用结构用胶合板，在墙的框木上直接钉石膏板，饰面多是贴墙纸，也有刷漆或者涂抹硅藻土等。

石膏板之间的接缝会成为防火、隔声、隔热保温上的弱点，有必要精细处理。美国的构法是使用两边锥口的石膏板，贴上接缝胶布，再用填缝的抹泥填平，一般称为"干式墙工法"。

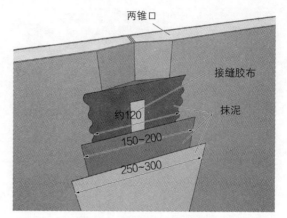

图4.10 干式墙工法的例子

4.2 **圆木构法**

4.2.1 | **材料与结构体构法**

圆木构法也称为圆木房（log house）或校仓构法，以正仓院（图4.11）为代表，是一种历史悠久的构法，现在主要用于单户住宅等小规模建筑物。使用木材的树种大多为针叶树，材料的形状有剥去树皮的圆木和方木，将其平放摆成井字形垂直砌积便成为建筑物的墙体（图4.12）。木材之间设有榫槽使之不会产生间隙，这样的嵌合方式在日本称为"井楼嵌合"（图4.13）。因为结构体同样是通过材料砌积而成，我们可以把这种构法类同于砖石结构的砌体构法。

图4.11 正仓院的正仓

现在采用圆木构法时，在圆木的交接处，需要设置从基础到墙顶贯穿圆木墙的螺栓。竣工后，由于圆木干燥收缩和自重的作用，墙的高度会逐渐产生沉降，所以有必要再次收紧贯穿螺栓。而且，为保证门和窗顺应墙体的沉降，必须事先留好余量。

圆木构法的屋顶坡度一般很大，大多数屋架采用桁架结构。即使在采用日式屋架的情况下，也因坡度大而应采用斜梁结构。屋面材料一般使用住宅用的板岩、沥青屋面板、西洋瓦等。

至于墙体，无论外墙或内墙基本都是圆木外露，不加其他装饰。

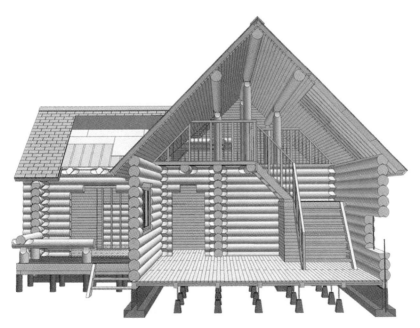

图4.12 圆木构法的例子

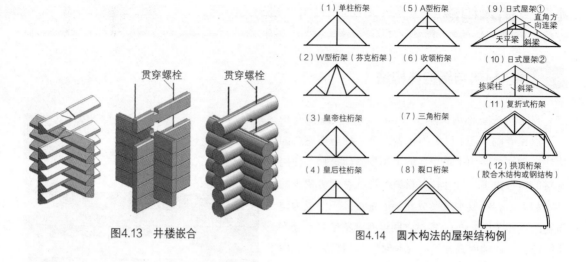

图4.13 井楼嵌合

图4.14 圆木构法的屋架结构例

4.2.2 大截面胶合木构法及其他构法

大截面胶合木构法的目的是通过使用大截面的胶合木建造大空间的建筑物。构件之间使用螺栓或五金件连接（图4.15～图4.18）。

采用大截面胶合木构法可建造体育馆、圆顶场馆等大规模建筑，为了促进本地生产木材的使用，很多校园建筑也采用这种构法建造。

至于其他特殊构法，例如使用圆木组建立体桁架等也有所见。

图4.15 大截面胶合木构法例
（太阳之乡运动馆）

图4.16 大截面胶合木构法的圆顶场馆例
（大馆树海圆顶馆）

图4.17 大截面胶合木构法例
（滋贺县立琵琶湖儿童国）

图4.18 使用圆木的构法例
（彩之国友谊森林的森林科学馆）

第 5 章

钢结构构法

　　钢结构与木结构均为日本最常用的结构。本章将重点学习钢结构构法的原理以及各部位的详细。学习要点如下：

　　（1）钢结构建筑所使用的钢材是从19世纪开始采用的工业材料。钢材具有高强度，20世纪多用于大空间以及高层建筑，现在也用于建造中小规模的建筑物。钢结构有两方向框架、一方向框架一方向斜撑等多样的结构形式和构法。

　　（2）钢结构建筑的屋顶大体分为平屋顶和坡屋顶两种，分别可采用各所适合的屋面材料，而根据不同材料其构法的标准有所不同。

　　（3）钢结构建筑的主体结构通常为由梁柱组成的框架结构，一般外墙不承重（非承重墙），可以采用铝合金、混凝土、玻璃等多种材料。对于外墙与主体结构的接合部位、外墙构件相互之间的接合部位等，需按要求性能采用相应的构法。

　　（4）在内装修中，楼板、墙面、顶棚的功能和要求性能有所不同，为了实现现今对建筑的要求性能而开发了多种多样的构法。

5.1 钢材

5.1.1 钢材的历史

人与铁的关系可溯源至铁器时代，将铁用于建筑物的结构则是比较近代的事情。纯铁不稳定，通常以氧化铁的形态存在于铁矿石之中，将铁矿石与焦炭一同投入高温的高炉中进行熔融可以还原生成**生铁**。生铁的含碳量高，既硬且脆，不宜用于结构体。将生铁进行脱碳（除去碳元素）而生产出来了**熟铁**，才开始使用于建筑。现存的科尔布鲁德尔（Coalbrookdale）桥是世界上第一座铁桥（图5.1），水晶宫的结构构件使用的也是熟铁（图5.2）。

图5.1 科尔布鲁德尔桥（英1779）

图5.2 水晶宫（英1851）

1856年，亨利·贝塞发明了高效除去生铁中的碳元素的转炉炼铁法，可以大批量生产碳元素含量在生铁和熟铁之间的、强度和韧度都适中的**钢铁**。从此以后，以钢铁制造的压延钢代替了铸铁，成为钢结构的主要材料并沿用至今。

5.1.2 钢材的性质

用于建筑的钢材其主要性质如表5.1所示。钢材的单位面积强度非常大，而且因为是工业产品，精度和品质都很稳定。在日本新建的建筑中，就建筑面积而言，钢结构与木结构并列为最常用的结构，尤其在非住宅领域更是无与伦比。

但是，钢材在高温时强度与屈服点都会降低，500℃时大约只有常温的一半。因此，作为建筑结构材料使用时外面必须包裹隔热层，防止火灾时的软化。除此以外，钢材暴露在空气中容易生锈，必须在表面涂防锈涂料。

表5.1 建筑结构用压延钢材的物理性质（出自〈日本工业规格〉JIS G3126）

钢种	屈服强度（N/mm²）					抗拉强度（N/mm²）
	钢材的厚度t（mm）					
	$6 \leqslant t < 12$	$12 \leqslant t < 16$	$t = 16$	$16 < t \leqslant 40$	$40 < t \leqslant 100$	
SN400A	235以上				215以上	400以上 510以下
SN400B	235以上	235以上355以下			215以上 335以下	
SN400C	无		235以上355以下		215以上 335以下	
SN490B	325以上	325以上445以下			295以上 415以下	490以上 610以下
SN490C	无		325以上445以下		295以上 415以下	

5.1.3 钢材的种类

目前建筑结构用的钢材基本上都是**压延材**。将钢锭加热后，以压轧成型法压延成钢板（厚板或薄板）或型钢（压延型钢）等。

型钢是规格化的钢材制品，有多种截面形状（图5.3），其中有代表性的是**H型钢**。加工为此形状的目的是以**翼缘**抗弯，以**腹板**抗剪，多用于柱、梁等构件。如图5.4所示，H型钢是将钢锭加热后通过多重的纵横的压轮压延而成。日本从20世纪60年代开始采用这种方法制造，在此之前是通过焊接而成的。现在，对于规格以外的H型钢也可以通过焊接制造。

钢管是用厚板加工成形并焊接而成的制品（图5.5）。日本从20世纪70年代开始制造大型**方形钢管**，大量用于钢结构框架的柱子。

用薄板在常温下通过弯曲成形的型钢称为**轻型钢**（图5.6）。虽然轻型钢的截面大小和能加工的钢板厚度有一定的局限，但是截面性能比同样面积的压延型钢高，可提高使用效率和降低钢材用量。不过，使用时必须注意它容易产生局部屈曲，因截面缺损或腐蚀对其性能产生的影响也较大。

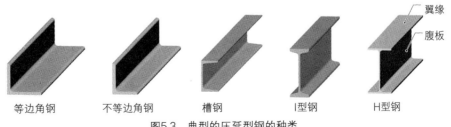

等边角钢　　不等边角钢　　槽钢　　I型钢　　翼缘／腹板　H型钢

图5.3 典型的压延型钢的种类

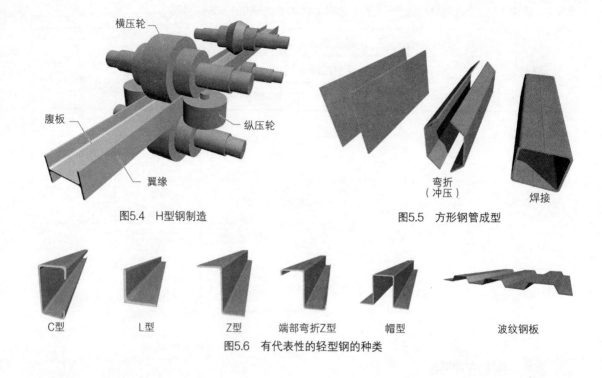

图5.4　H型钢制造

图5.5　方形钢管成型

C型　　L型　　Z型　　端部弯折Z型　　帽型　　波纹钢板

图5.6　有代表性的轻型钢的种类

5.1.4　钢材的连接方法

钢材的主要连接方法如图5.7所示。

钢材的焊接主要为**电弧焊**，利用电弧放电时发出的热量，将母材与焊条的金属分子熔为一体。焊接主要分为**对焊**和**角焊**。采用对焊时，因为事先将母材的焊口进行了坡口加工而能使全截面焊接为一体，焊接部分可以达到与母材相同的强度。但是，在焊缝的两端要设引弧板，交叉部位要开通焊口，为此要花

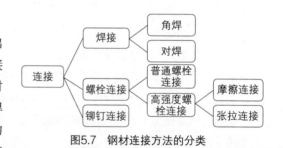

图5.7　钢材连接方法的分类

不少时间和劳力（图5.9）。而角焊仅是从内角侧面进行的焊接，比面对面的对焊简单，但是强度稍有降低。

螺栓连接分为**普通螺栓连接**和**高强度螺栓连接**。普通螺栓连接是通过钢材圆孔的孔壁与螺栓杆的承压而传力。高强度螺栓连接则是将螺栓以大扭矩扭紧，产生足够的拉力把母材的接触面压紧，通过母材之间的摩擦传力。高强度螺栓连接的连接能力大，在规模较大的钢结构的主要结构部位一般都使用高强度螺栓连接（图5.10）。

铆钉连接向孔里插的不是螺栓而是事先高温加热的铆钉，在另一头把铆钉打成圆帽，所以它的特征是两端都是圆头。但由于施工时产生很大的噪声而且有导致火灾的危险，现在已不再采用了（图5.11）。

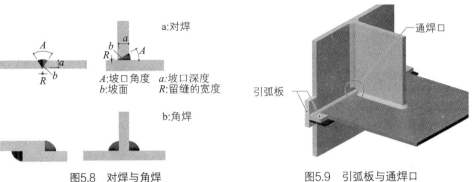

图5.8 对焊与角焊

图5.9 引弧板与通焊口

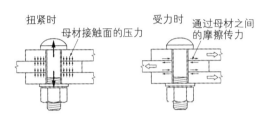

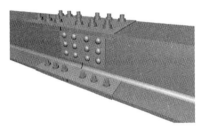

图5.10 高强度螺栓连接

图5.11 铆钉连接

5.2 结构构法

5.2.1 框架结构

　　纯框架的钢结构里的柱一般采用方形钢管或圆形钢管（图5.12）。与H型钢不同，钢管截面没有强轴与弱轴的区别，不需要使用斜撑，从而可以建成能灵活使用的建筑空间。

　　楼板一般先铺**楼板波纹钢板**再在其上浇筑混凝土成为一体，还可以在钢梁上焊接锚杆使其埋在楼板的混凝土里，由此实现梁和板的结构一体化。楼板波纹钢板也可以用预制混凝土板（PCa板）或轻量混凝土板（ALC板）来代替。

　　对于**钢框架结构**的梁与柱的交接部位，现场施工比较困难，一般的构法是事先从柱焊出**牛腿**（短梁），现场在牛腿和H型钢梁之间添加连接钢板，用高强螺栓连接（图5.13）。这种连接是刚接，弯矩可以从梁传往牛腿，再由牛腿传向交接板。交接板是牛腿与柱交接用的钢板，一般贯穿柱的全截面。

　　钢结构的柱脚处需焊接柱脚垫板，柱脚垫板由埋在基础里的地脚螺栓连接固定。周围用钢筋混凝土包裹的柱脚可以视为刚接柱脚，这部分混凝土称为**包脚混凝土**（图5.14）。没有包脚混凝土的外露柱脚一般视为铰接，但是使用特殊的柱脚垫板可以实现半刚接柱脚。

　　对钢结构有耐火要求时，柱、梁等必须包**防火隔热层**。一般在表面喷涂一定厚度的灰浆与岩棉的混合物（图5.15），以前也曾经使用过石棉混合灰浆。此外还有用防火板或防火毡包裹钢结构构件的构法。

图5.12　钢框架结构示意

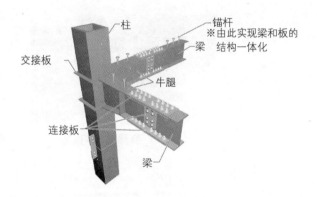

图5.13　钢框架结构的柱梁交接部构法

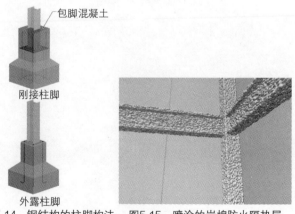

图5.14　钢结构的柱脚构法　　图5.15　喷涂的岩棉防火隔热层

5.2.2 框架+斜撑的结构

用H型钢代替钢管作为柱子的时候，一般强轴方向为框架结构，弱轴方向为铰接斜撑结构，这就是所谓**框架+斜撑结构**。

比起纯框架结构，它的柱梁交接部的加工较为简单（图5.17），用钢量也较少，但斜撑的设置限制了开口和平面的使用自由度。

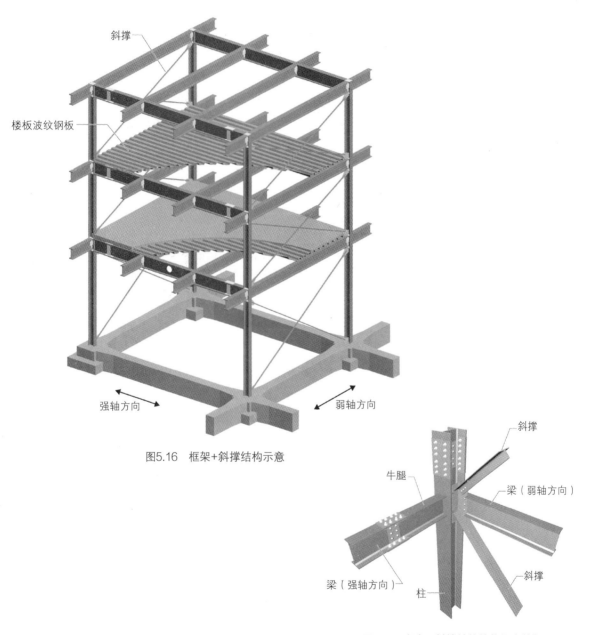

图5.16 框架+斜撑结构示意

图5.17 框架+斜撑结构的柱梁交接部

5.2.3 门式框架结构、桁架结构、空间框架结构

在框架+斜撑结构中，可以把框架梁设计为双坡的折线形，这种形式被称为坡形框架结构或**门式框架结构**（图5.18）。

门式框架结构比较适合建造大跨度的空间，但不适宜于复杂的建筑平面，所以一般应用于工厂、仓库、体育馆等建筑。

桁架结构包括平面桁架结构和立体桁架结构。平面桁架结构一般用小截面的钢材组装而成，用于代替大跨度建筑的大截面H型钢（图5.19），由此可以减少用钢量，但构件的加工和组装要花不少时间和劳力，已较少采用。

立体桁架结构也被称为**空间桁架结构**，立体的桁架既可以单独用于屋顶，也可以把墙和屋顶连为一体成为整体结构（图5.20）。构成桁架的杆件的截面小而且较轻，组装起来轻巧、通透，可以形成各种各样的空间，尤其多用于大空间建筑的屋顶。但是，每一个节点都要交接多根杆件，必须做好详细的节点设计，现在一般采用球形节点，也有通用的部件（图5.21）。

图5.18　门式框架结构

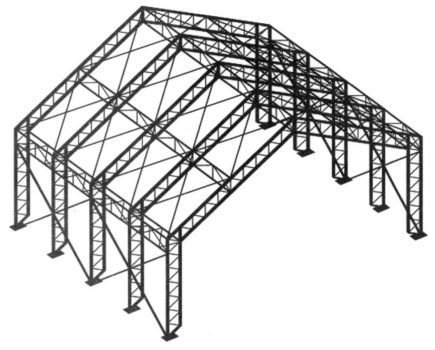

图5.19 平面桁架结构

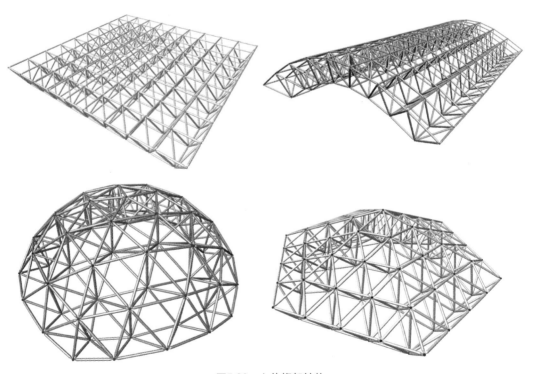

图5.20 立体桁架结构

球形节点的连接

金属的嵌接

图5.21 立体桁架结构的节点

5.2.4 钢管结构

钢管结构，名副其实，主要的构件都是钢管（图5.22）。由于构件的形状单一，适合于曲线加工以及复杂的形状，有利于重视美观的建筑设计，但大部分节点都需要焊接，对制作加工技术有较高的要求。

5.2.5 拉索梁结构

上弦（受弯构件）与下弦（受拉构件）组合在一起，截面积虽小但是可以承受大荷载，称其为**拉索梁结构**。一般把梁弯曲为拱形，中间装有撑杆，梁的两端接上钢索跨过撑杆的另一端拉紧形成桁架。这样的结构很轻巧美观，多用于大空间建筑的屋顶。

5.2.6 轻钢结构

轻钢结构，顾名思义使用的主要是**轻型钢**，结构体的自重轻，用钢量少，但由于构件细小，组装起来比较麻烦，所以现在除了屋架以外一般不用于建筑的主体结构。但是，在工业化住宅、临时建筑等预制装配式建筑中则得到普遍使用（图5.24）。

图5.22 钢管结构（关西国际机场）

图5.23 拉索梁结构（东京国际机场）

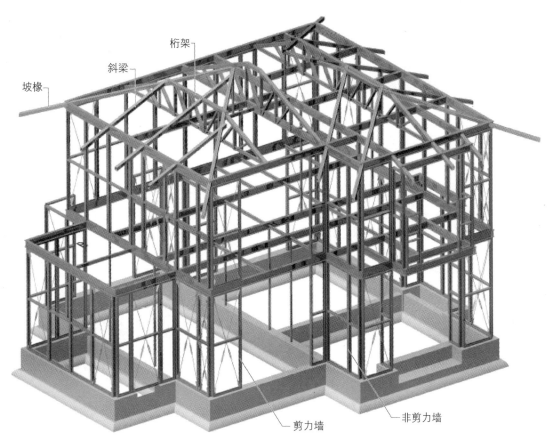

桁架

斜梁

坡椽

剪力墙

非剪力墙

图5.24 轻钢结构（钢结构工业化住宅）

5.3 屋顶构法

5.3.1 钢结构的屋顶构法

钢结构建筑的屋顶大致分为平屋顶和坡屋顶。

关于坡屋顶，有与木结构的屋顶（参见第3章）类似的构法，就是先铺屋面底板，再在其上铺屋面材料（瓦、岩板、金属板等）。但是，一般钢结构建筑比木结构建筑的层数多，有不少屋顶的位置比较高，而且梁间跨度大。因此，风压（特别是负压）变大，需要注意防止屋面材料的剥离等问题。除此之外，钢结构还有特有的坡屋顶构法，它省略了屋面底板而直接铺设折板屋面板或波形屋面板等，这种屋面从工厂、仓库到大规模的会展中心等大跨度建筑中都得到广泛的应用。

对于平屋顶来说防水是关键，防水构法大部分与钢筋混凝土屋顶相同，只是女儿墙的构造略有不同而已。

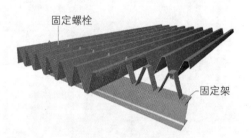

图5.25 折板屋面的构法

5.3.2 折板屋面

折板屋面可以直接铺在钢檩条上，不仅构法简单，而且减轻了屋面重量，所以适用于大跨度的建筑，尤其成为工厂、仓库等建筑最普遍的屋面构法，还可以适用于曲面的屋面。

折板屋面的横向连接有重叠式、别扣式、嵌合式等几种。重叠式与其他两种相比最为简单，但螺栓露出在外面（图5.25）。

无论如何，由于长度大的金属板对温度变化比较敏感，所以对其固定安装和连接必须考虑热胀冷缩的影响。而且，屋面温度的变化大，必须采取措施减轻对室内热环境稳定的影响。具体的措施如下：

① 设置吊顶，吊顶与屋面之间的空间要经常换气；
② 采用双重屋面，在两层屋面之间填充隔热材料；
③ 在屋面表面涂高反射涂料等进行遮热。

其中双重屋面，在两层屋面之间填充隔热材料的构法简单实用，现在越来越普及，但应注意外侧与内侧的折板的热膨胀差异大而容易发生声音（图5.26）。

图5.26 曲面的折板屋面（上）与隔热构法（下）

5.3.3 | 波形板屋面

波形板屋面比折板屋面更简单，把波形屋面板直接铺在钢檩条上，用带钩的螺栓固定即可（图5.27）。虽然波形板屋面板的刚度有限，不能用于太大的跨度和太高的地方，但是它种类丰富，有钢板制的、板岩制的、聚碳酸酯制的、夹丝玻璃等，还可以采光，广泛用于小规模的仓库、自行车场、停车场、天井等的屋面。

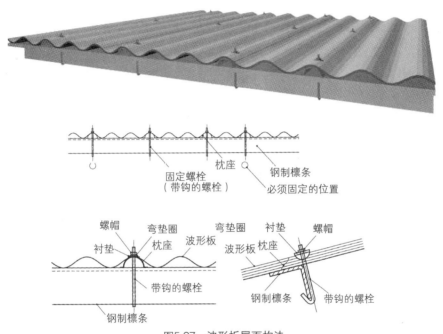

图5.27　波形板屋面构法

图5.28　夹丝玻璃波形板屋面（经堂室内花园）

5.3.4 平屋面

　　钢结构的平屋面，不像钢筋混凝土结构可以把女儿墙与屋面板、外墙浇为一体，而是女儿墙由外墙的延伸和屋面板的围墙构成，上面盖上顶盖。由于外墙与屋面可能会产生错动，所以顶盖只能固定在其中一方。屋面防水层应该延伸至顶盖的里面，并且必须保证雨水不会渗入。

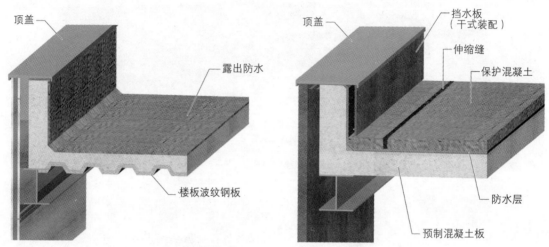

图5.29　钢结构平屋面的女儿墙周边的防水构法

5.3.5 其他

　　类似于屋面的还有阳台、外走廊等，采用波纹钢板合成混凝土楼板的话，防水构法基本与前述的平屋面相同。如果它的下面是室外，可以采用挤压成型水泥板作为楼板，省略防水层的简易干式构法。同样的构法也可以运用于楼梯。

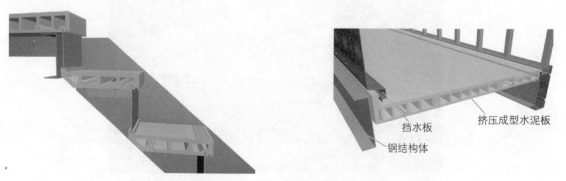

图5.30　采用挤压成型混凝土板的阳台和楼梯的简易干式构法

5.4 外墙构法

5.4.1 幕墙

钢结构一般不使用砖墙或钢筋混凝土墙等作为受力或承重的墙。不受力不承重的墙一般被称为非承重墙，而特别把不受力不承重的外墙称为幕墙。

最早的例子之一是1872年建成的在木聂的巧克力工厂（法语名：La Chocolaterie Menier，设计者：Jules Saulnier），其外墙是在钢结构中间砌的装饰用的不承重的砖墙（图5.31）。

在美国的芝加哥，1871年的大火烧毁了大半个城市，后采用钢结构重建，从此掀起了钢结构建筑的潮流，从那以后，世界各大城市都开始变得钢结构高层办公楼建筑林立了。外墙从承重受力的结构体中解放出来，可以设置更大的开口，呈现出与传统的砖石结构截然不同的外观（图5.32）。

现在的幕墙一般是在工厂制造成一定规格的板块以后，再运到现场吊装，挂在结构体上（图5.33）。从这个意义上说，幕墙指的是工业化生产的外墙。

5.4.2 幕墙的种类

主要使用铝合金等金属构件的幕墙称为"金属幕墙"（图5.34），由预制混凝土墙板构成的幕墙称为"PCa幕墙"（图5.35）。

从幕墙的构法来看，最为一般的是"间柱式"：先树立金属的外墙间柱，然后在间柱与间柱之间安装事先在工厂把窗框、玻璃和其他面板等加工成一体的墙板。除此以外，还有在每层的梁的前面安装连续的横墙，横墙与横墙之间形成横向连续开口的"楼层护墙式"；开口部四周都装面

图5.31　木聂的巧克力工厂（法国，1872年）

图5.32　信誉大厦
（Reliance Building，美国，1895）

图5.33　近期的幕墙施工

板的"面板组合式";与层高相同的预制混凝土板为单位的"大板式";把柱和梁包起来的"梁(柱)盖式"等。

间柱式

楼层护墙式

面板组合式

图5.34   金属幕墙的构法

大板式

梁(柱)盖式

图5.35   PCa幕墙的构法

5.4.3 幕墙的层间变形对策

不但是高层建筑,中层以下的建筑地震时也会发生外墙损伤甚至掉落,因此幕墙必须能适应层间变形。具体有平动型和回转型两种方式(图5.36)。

平动型是把幕墙的上部(或者下部)固定于结构体,而下部(或者上部)能够与结构体相对移动,以此适应层间变形。回转型则是通过与结构体的相对回转来吸收层间变形,由于回转的角度很小,实际上墙板的左右接缝是产生竖向的相对移动。

因此,幕墙与结构体的连接实际上是全固定、横向可动、竖向可动三种接头的组合。

幕墙与结构体的接头具有索、链、扣的机能(图5.37),安装时能够调整结构体与自身的误差,对层间变形的适应也是通过接头的水平滑动或垂直滑动来实现。

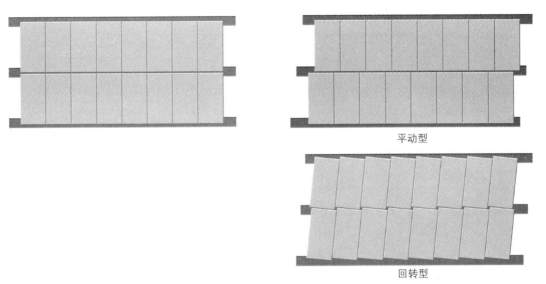

图5.36 幕墙的层间变形对策

平动型

回转型

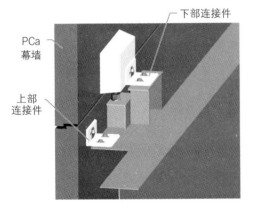

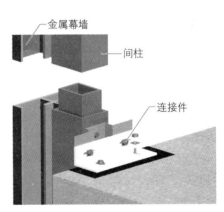

图5.37 幕墙接头（左为大板式，右为间柱式）

5.4.4 幕墙的防水对策

幕墙的水密性最重要的是防止接缝的渗漏。防水有封闭接缝和开放接缝两种形式。

封闭接缝是普遍采用的形式，首先在室外侧进行一次封口，然后在室内侧进行二次封口（图5.38）。

一次封口是为了防止雨水渗漏，在墙板之间用封口胶等进行封口，但有可能由于施工不良、经年劣化、地震等原因产生破损而漏水，需要定期修理和更换，但这对于高层建筑来说是非常困难的事情。二次封口的目的是，防止万一一次封口渗漏

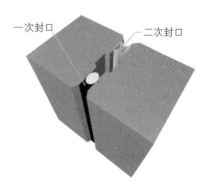

图5.38 封闭接缝

的雨水渗进室内，由相邻墙板相互压紧垫胶管而成。

开放接缝是指不把接缝封死，使接缝内与外界保持相同气压，雨水不容易吹进接缝里，即使进了也可以自己往外流。接缝一般不会破损和劣化，所以不需要维修和更换，广泛应用于高层和超高层建筑物（图5.39）。

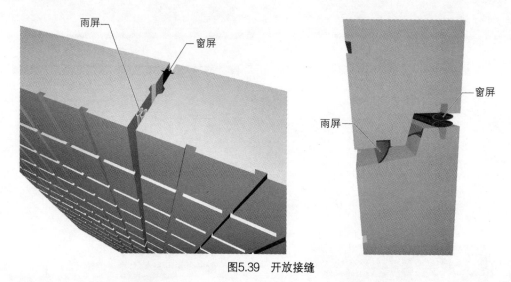

图5.39　开放接缝

5.4.5 │ 其他外墙构法

ALC板

ALC板（轻量气泡混凝土板）因为重量轻而且具有耐火性，现场加工和安装比较容易，广泛使用于外墙、内墙、楼板（图5.40）。而用于外墙时，需要采用能够适应层间变形的构法。因其具吸水性，所以需要涂装或做外装修。

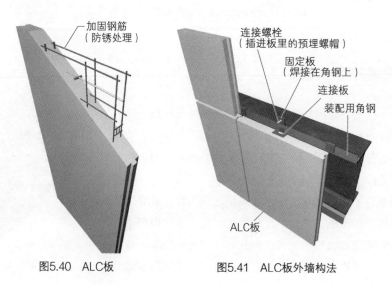

图5.40　ALC板　　　　　图5.41　ALC板外墙构法

挤压成型水泥板

挤压成型水泥板同样作为一般的建筑材料得到广泛的应用（图5.42）。由于板厚较小，使用时需注意确保防水性能，也可以采用开放接缝。

金属夹板

这是预先做好了装修的材料，可以使用专用的接头直接安装在钢结构上。夹板里面已经包裹着保温材料，内墙面也是装修好的，所以室内室外都可以外露，不需再加装修，多用于工厂和仓库类的建筑物（图5.43）。

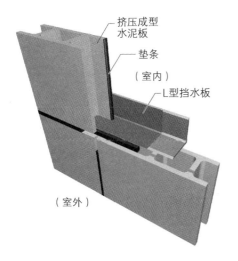

图5.42 挤压成型水泥板外墙构法

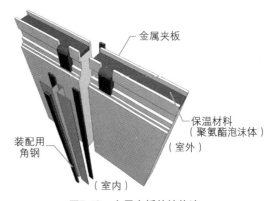

图5.43 金属夹板外墙构法

5.5 窗与玻璃

5.5.1 窗

开窗主要是为了室内采光。在日本，围绕窗与玻璃的工程名称采用了英文Glazing一词，直译是抛光工程，不过实际上指的是以玻璃为中心的工程，包括装玻璃的窗框，当然也有无窗框的多种构法。

5.5.2 玻璃的历史

玻璃是很早就被使用的材料，但是能够制造出平整的、透明度高的大板玻璃还是近代的事情。

传统的玻璃制造法是以吹制为主，难以制造出能用于建筑开口的平板玻璃。19世纪，发明了将吹制的圆筒状的玻璃竖向切开、再加热压平的圆筒制造法，从此可以进行大量的生产。水晶宫的玻璃就是采用这种方法制造的。

进入20世纪，开发了将加热后软化了的玻璃从两个滚筒中通过，由滚筒的回转将其压延的滚筒制造法，从此可以生产出能够适用于建筑开口部的大面积平板玻璃。适用于钢结构建筑大开口的幕墙的发明和发展与这密切相关。

1959年发明了浮法制造，可以大量生产大面积的、厚度均匀的、翘曲小的平板玻璃。这种制法是将熔化的玻璃流入高温熔化的金属上面，从而制造出表面平整光滑的平板玻璃，是现在透明平板玻璃的标准制造法（图5.44）。

目前存在的具有不同机能或性能的各种平板玻璃，绝大部分是用浮法或滚筒法制造以后，再进行二次加工而成的。

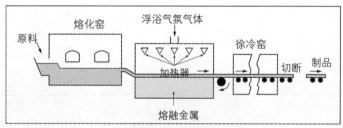

平板玻璃的浮法制造工程图

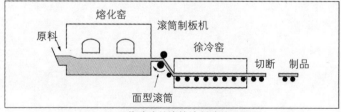

压花玻璃的滚筒法制造的工程图

图5.44 浮法制造与滚筒制造法

5.5.3 | 玻璃的种类

在浮法制造的平板玻璃的材料里掺入金属粉，使其具有能吸收部分透过的热线的性质的玻璃称为"热线吸收玻璃"，吸收了的热量其后在室外或室内再放出。在平板玻璃的外表面镀上一层金属膜，从而可反射大部分热线，称为"热线反射玻璃"，同时也反射一部分可见光，相当于一面半透明的镜子。

以滚筒法制造的玻璃中，有代表性的是表面凹凸的可以阻挡视线的"压花玻璃"，以及在压制时插入金属网以防止火灾时玻璃飞散的"夹丝玻璃"，平滑透明的夹丝玻璃实际上是压制后研磨加工而成的。

将平板玻璃再加热然后急剧冷却，在表面形成一层压缩应力层，由此制造约3倍抗冲击强度的"强化玻璃"。但是，如果受到超出强度的力冲击的话，会一瞬间粉碎成一堆颗粒。还有，如果冷却太急剧，内部会产生肉眼看不见的微小裂缝，受到小冲击或温度变化时也可能突然破碎。为了保险，加热后慢慢地冷却，可以生产出约2倍抗冲击强度的"倍强化玻璃"，高层建筑所用的主要是这种玻璃。

将2枚透明的玻璃用树脂粘合成一体的称为"夹层玻璃"，具有防止飞散、防止穿洞、阻挡紫外线等功能。

为了提高玻璃的保温隔热性能，可将2枚或3枚玻璃中间垫开组成"双重玻璃"或"三重玻璃"，垫层是空气层。还可以将强化玻璃、低放射玻璃等复合并用，以满足不同的性能要求。"低放射玻璃"采用特殊的金属镀膜，既能保证透明度，也能有选择地反射热线部分，也称为"Low-E玻璃"。

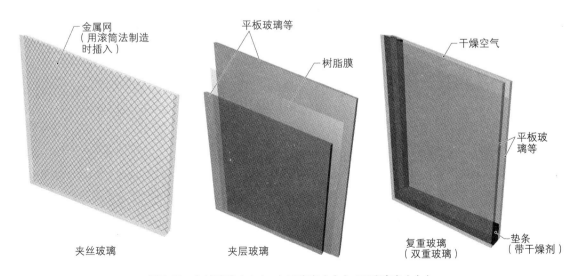

图5.45 夹丝玻璃（左），夹层玻璃（中），双重玻璃（右）

5.5.4 │ 窗框的机能与构成

玻璃很脆，不像其他板材一样可直接安装固定，而多是嵌进框架里作为窗户使用。窗框有木制、钢制、铝合金制、塑料制等。

在铝合金窗框出现之前，主要使用的是木窗框和钢窗框。木窗框一般是用压条固定玻璃（图5.46），面对室外的话需要使用封口胶防水。

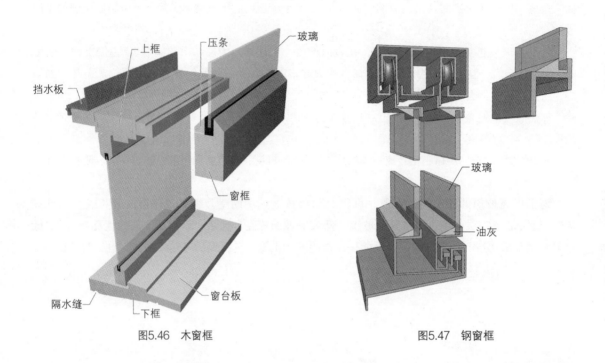

图5.46　木窗框　　　　　　　　　　　图5.47　钢窗框

钢窗框有用钢板弯制的，也有使用专用框条的，无论哪一种都难以加工出槽形，玻璃一般用油灰等粘合剂固定（图5.47）。但是，由于地震时容易产生破裂，现在已经基本不采用这种构法，而是像铝合金窗框一样采用压条和封口胶条固定。

铝合金窗框的截面是压延而成的精密的形状，具有良好的水密性、气密性和耐久性，现在几乎所有的建筑物都是使用铝合金窗框（图5.48）。其缺点是热传导率高，保温隔热性能不如木窗框和塑料窗框。为此，最近开发出了把室外侧与室内侧分开，中间用树脂作为绝缘材料连接起来的"保温窗框"。

为保证即使窗框变形了也不致压碎玻璃，窗框与玻璃之间需要留有余地。铝合金窗框和塑料窗框为此一般使用封口胶、槽形胶条、夹条胶等固定玻璃。

无论哪一种窗框，为了防止雨水渗入室内，需要从室内向室外倾斜，有利于侵入的雨水或露水排出，室内侧还要设置挡水板等，这些都至为重要。

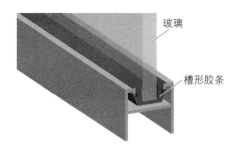

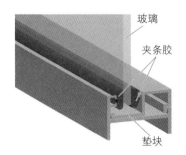

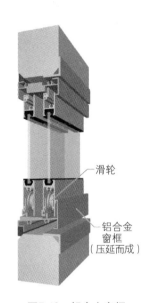

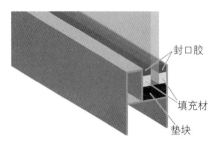

图5.48　铝合金窗框　　　　图5.49　玻璃的固定方法（铝合金窗框）

5.5.5 无框构法

　　如果是不开闭的窗，玻璃可以不用窗框直接安装在混凝土或钢材上。所使用的是带扣的胶垫，将玻璃安装以后，用胶条填入胶垫的扣里，把扣锁上以后玻璃就固定了。结构体的变形由胶垫吸收，不会因此压坏玻璃（图5.50）。例如，铁路车辆的窗就是用这种构法安装的。

　　低层铺面或展示厅的大玻璃面的玻璃通常是在上面吊着的，为了不至于因自重而弯曲以及承受面外的荷载，在与玻璃面垂直的方向贴上玻璃肋条，以增加面外刚度（图5.51）。

　　整面幕墙都不使用窗框、追求连续的玻璃面效果的构法有SSG（Structural Sealant Glazing）构法。使用具有抗震、抗风强度以及变形能力的结构胶把玻璃贴在支撑体上，通常使用类似于半透明镜子的热线反射玻璃，所以一般从外面看不到支撑体（图5.52）。

　　在玻璃上开孔，装上具有适应变形功能的五金接头，以此取代结构胶的构法在日本称为DPG（Dot Point Glazing）构法（图5.53）。采用这种构法时，通常使用低放射（Low-E）玻璃有意地把内部空间公之于众。类似的构法还有不在玻璃上开孔，而在角部用五金件夹固的MPG（Metal Point Glazing）构法（图5.54）。

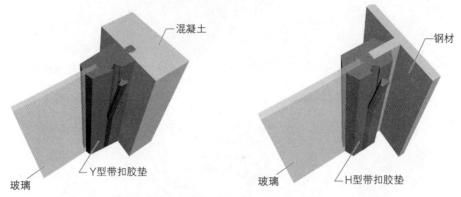

图5.50 Y形带扣胶垫（左），H形带扣胶垫（右）

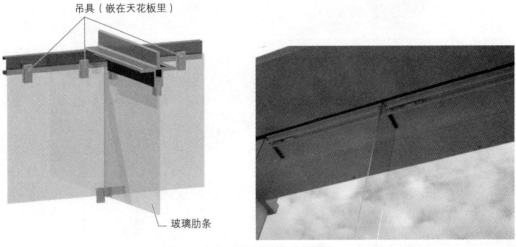

图5.51 在上面吊着的大玻璃面构法

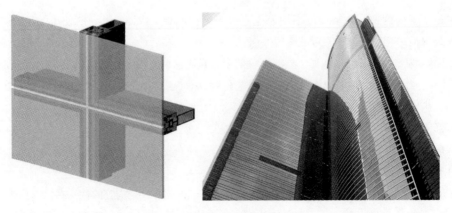

图5.52 SSG构法

图5.53 DPG构法

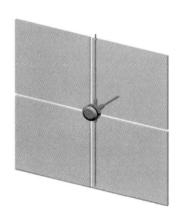

图5.54 MPG构法

5.6 内装修构法

5.6.1 办公室的楼板构法

对于办公室来说，楼地板的配线（特别是电力和通信）非常重要，为此对楼地板的构法产生了很大的影响。

以前一般是把配线和管道埋在混凝土楼板里，管线的出口是固定的，不能应对使用后平面布置的变化，为此现在一般采用活动楼地板（OA楼地板），楼地板面的饰面材料也由原来的塑料面材，基本改为了便于装拆和交换的方形地毯（图5.55）。

近年来，利用活动楼地板的空间设置空调管道的膨胀室，从楼地板送风的空调系统的使用也不断增加。

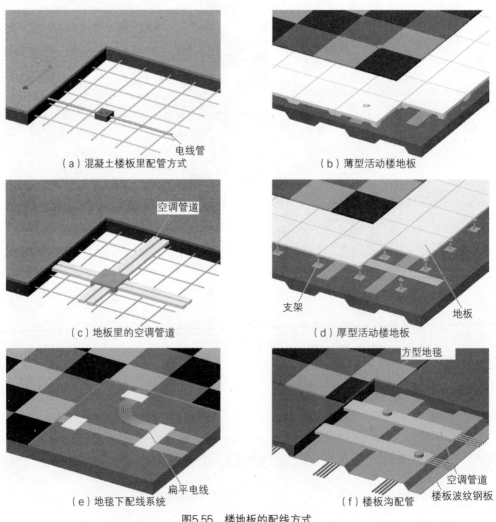

（a）混凝土楼板里配管方式

（b）薄型活动楼地板

（c）地板里的空调管道

（d）厚型活动楼地板

（e）地毯下配线系统

（f）楼板沟配管

图5.55 楼地板的配线方式

5.6.2 办公室的间墙与天花板构法

办公室、商店以及非木结构住宅的间墙和天花板里，一般都是使用镀锌钢板弯制而成的轻量型钢做龙骨。

轻量型钢是规格化的材料，比木材有更高的精度和刚度，现场只要调整好长度就可以简单地组装起来。

但是，轻量型钢不适合于太精细的加工，难以适用于形状复杂的墙体。还有，现场切割的时候有火花，必须注意避免发生火灾。

对于11层以上的楼层，200m²以内的防火区间周围的墙体必须使用准不燃材料，500m²以内的防火区间周围的墙体必须使用不燃材料。避难楼梯和特别避难楼梯周围的墙板和天花板，其心材和面材都必须使用不燃材料。为此，这些部位一般都使用轻量型钢（如使用木龙骨，必须满足一定的标准）。

上述准不燃材料、不燃材料、避难楼梯和特别避难楼梯，在日本的法律里有严格的定义。"准不燃材料"是指因火灾加热后10分钟内不发生延烧，不发生防火上有害的损伤，不产生对避难有害气体的材料。"不燃材料"是指因火灾加热后20分钟里不发生延烧，不发生防火上有害的损伤，不产生对避难有害气体的材料。"避难楼梯"是指5层以上14层以下，或者地下2层以下按规定设置的避难用楼梯。"特别避难楼梯"是指15层以上，或者地下3层以下按规定设置的避难用楼梯。

顶棚一般采用吊顶，在龙骨下面贴石膏板（图5.57）。楼板吊装的吊杆螺栓的下端设有挂钩，挂第

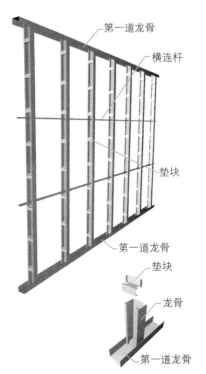

图5.56 间墙的轻量型钢龙骨

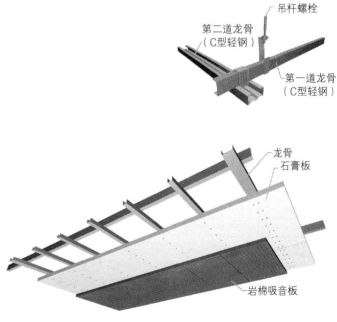

图5.57 顶棚轻量型钢吊顶

一道龙骨，再在其下直角方向安装第二道龙骨。

　　把顶棚的龙骨和面材，与各种设备机器结合为一个整体的构法称为"系统顶棚"。在大规模办公室里，不单有照明和空调，还有自动洒水灭火装置、避难广播等设备，系统顶棚是为了有条不紊地安装这些设备而采用的构法（图5.58）。

　　办公室等比较大的空间的顶棚，在地震时有遭受重大损伤的危险。为此，需要采取有效措施，例如，在龙骨里设置斜撑防震等。

　　体育馆、剧场等大空间的顶棚，吊深较深，需要以斜撑对吊杆进行补助和固定（图5.59）。

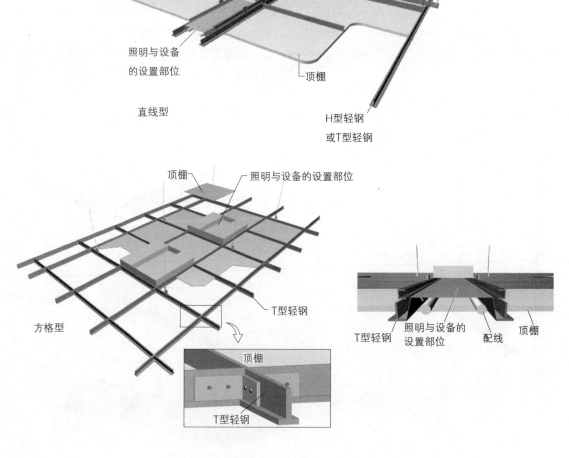

图5.58　系统顶棚（上：直线形　下：方格形）

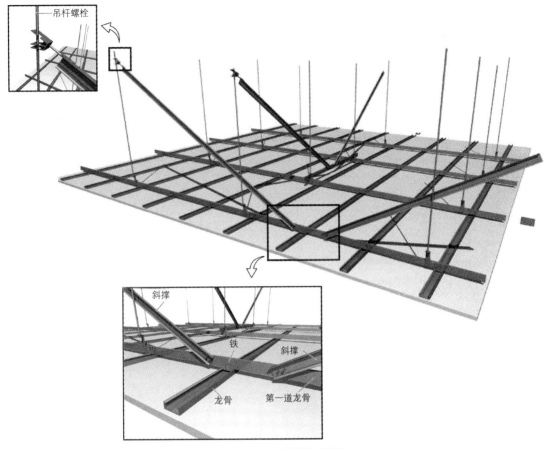

吊杆螺栓

斜撑

铁

斜撑

龙骨

第一道龙骨

图5.59　吊顶龙骨的抗震措施

第 *6* 章

钢筋混凝土结构构法

　　钢筋混凝土结构与钢结构、木结构一样，都是日本普遍采用的结构，本章将重点学习其原理以及各部位构法细节。学习要点如下：

　　（1）钢筋混凝土是由抗拉性能好的钢筋与抗压性能好的混凝土组合而成的、具有良好性能的结构材料，发明于19世纪，20世纪广泛应用于建筑业。钢筋混凝土的结构形式有剪力墙结构和框架结构，通过对混凝土配合、配筋、浇筑养护等的设计，能够实现多种要求性能。

　　（2）钢筋混凝土结构的屋顶所使用的材料基本上与钢结构相同，但平屋顶的构法有所不同，应注意各部位详细构法。

　　（3）与钢结构不同，钢筋混凝土结构的外墙一般采用钢筋混凝土墙，其饰面有清水混凝土、瓷砖贴面、石板贴面等，不同的饰面应采用相应的构法，以满足与混凝土的结合及耐久性。

　　（4）内装修与外装修一样，多是在混凝土面上进行，这种情况有独自的构法，也有不少与钢结构共通的构法。

6.1 材料

6.1.1 钢筋混凝土

钢筋混凝土（Reinforced Concrete，RC）是指配筋后浇筑混凝土，硬化后成为一体的材料。钢筋混凝土结构是指结构体的大部分采用钢筋混凝土，应用范围主要是独户住宅、中低层集合住宅以及其他中低层建筑物，也有使用高强度混凝土建造的超高层建筑。

水泥的起源很早，金字塔就使用了用石膏烧制的水硬性的材料，在罗马时代使用了石灰和火山灰建设道路、城墙、住宅等。现在使用的水泥是1824年由詹姆士·帕加（James Parker）发明的"波特兰水泥"，这个命名是因为所发明的水泥硬化以后，硬度和颜色都与波特兰岛所采的石头相似。钢筋混凝土的出现可追溯至1850年，法国人约瑟夫·拉姆伯特（Joseph Louis Lambot）配了铁网做小船，另一名法国人园丁约瑟夫·莫尼尔（Joseph Monier）配了铁网做花盆，以及莫尼尔样式的混凝土板配筋法等。

早期较著名的钢筋混凝土结构建筑，有由奥古斯特·佩雷（Auguste Perret）设计的Rue Franklin Apartments公寓（1903年，巴黎）；日本最早的是佐世保重工业的水泵房（1904年，真岛健三郎设计，佐世保），办公室用途的是三井物产横滨支店（1911年，远藤於菟设计，横滨）。

6.1.2 混凝土与钢筋的性质

（1）水泥，砂浆，混凝土

水泥是由石灰石、黏土、石膏等制成，具有与水反应后硬化的水硬性。砂浆由水泥、砂、水配制而成，混凝土由水泥、砂、碎石、水等配制而成。

（2）钢筋

钢筋有两种：为了增加与混凝土的锚固而表面带有凸凹的螺纹钢，以及没有凸凹的圆钢。

（3）钢筋混凝土

钢筋与混凝土各有所长、取长补短的组合原理可以从以下几点理解：

① 抗压与抗拉。混凝土有抗压强度，细长的钢筋有抗拉强度，两者结合起来成为具有抗压抗拉强度和变形能力的结构材料。钢材本来抗压和抗拉都具有同等的强度，但是细长的钢筋受压时有容易弯曲、不能发挥应有强度的弱点。

② 锈蚀与碱性。钢材有容易生锈的弱点，而埋在碱性的混凝土里正好能防止锈蚀。但是，混凝土与空气中的二氧化碳反应，从与空气接触的表面开始渐渐失去碱性而中性化。如中性化达到钢筋所在深度，钢筋就有生锈的危险。中性化的速度根据环

图6.1 螺纹钢的配筋

境不同有很大的区别，一般为0.4mm/年。如果表面钢筋保护层为40mm，则中性化到达钢筋的时间大约是100年。

③ 耐火性。混凝土具有耐火性，保护容易受热软化的钢筋。

④ 膨胀率。钢筋与混凝土的热膨胀率基本一致，温度变化引起的伸缩也基本一致，因此不致引起混凝土的开裂。

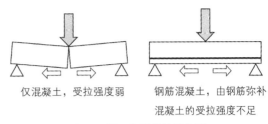

仅混凝土，受拉强度弱　　　钢筋混凝土，由钢筋弥补混凝土的受拉强度不足

图6.2　受压与受拉的概念图

6.1.3　配筋

钢筋混凝土的大原则是让混凝土受压、让钢筋受拉，以这个原则为基础，根据所承受的建筑物荷载决定钢筋的位置。将钢筋配置到所定位置进行绑扎、架立等的工程称为**钢筋工程**。虽然原理上只需要在受拉部位配筋，但为了构件整体的韧性和强度的均衡，以及施工时钢筋架立的需要，通常在受压部位也配筋。

为了保证施工质量以及结构体的耐久性，配筋需要确保钢筋的间隔和保护层的厚度。

钢筋还需要连接，接头的方式有搭接、焊接、螺栓接头、套筒接头等（图6.4）。

图6.3　配筋

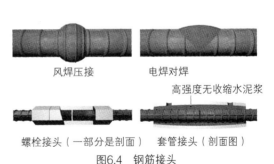

风焊压接　　　电焊对焊

高强度无收缩水泥浆

螺栓接头（一部分是剖面）　　　套管接头（剖面图）

图6.4　钢筋接头

6.1.4　模板

在配筋的周边，为了打设混凝土需要架设模板，模板需保持到混凝土硬化以后。广义的模板除了挡板以外还包括支撑件等，如图6.5和图6.7所示，有防止挡板变形的横挡和竖挡、分隔杆、拉杆、压件等，以及梁和楼板的支撑。挡板的材料一般是胶合板或钢板（图6.6）。

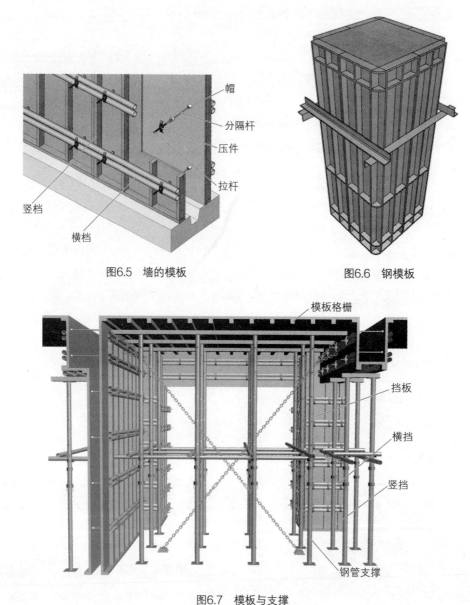

图6.5 墙的模板

帽
分隔杆
压件
拉杆
竖档
横档

图6.6 钢模板

模板格栅
挡板
横挡
竖挡
钢管支撑

图6.7 模板与支撑

  混凝土硬化以后把模板拆除的工作称为拆模。不过，模板有需要拆模的，也有不需要拆模的（图6.8）。还有如图6.9所示的，可以连续施工的滑模，图例是日本以外常见的超高层建筑的结构体施工，先行的钢筋混凝土中心筒里使用的就是滑模。

拆模的模板 —— 多次使用
　　　　　　　└ 单次使用（纸筒等）
不拆模的模板 —— 考虑强度的（半PC板等）
　　　　　　　└ 不考虑强度的

图6.8　模板的分类

图6.9　使用滑膜的工程

6.1.5 ｜ 混凝土的配合与浇筑

如前所述，混凝土的基本材料是水泥、砂、碎石、水，水泥与水反应后硬化。材料的配比是按硬化后所要求的设计基准强度进行计算的，设计基准强度一般是 $21 \sim 27 N/mm^2$，超过 $36 N/mm^2$ 的称为高强度混凝土。

坦落度是反映配制以后的混凝土的软硬程度的指标，把混凝土浇入圆锥筒里，将圆锥筒从上方抽出以后，混凝土坦落的高度便是坦落度的值。坦落度越大混凝土越软，容易浇筑，但是砂石与水泥浆容易分解，所以一般控制在18cm以下。

混凝土应尽量从打设位置的上面浇入，按需要使用振动棒将混凝土浇满每个角落不产生空隙，然后养护至指定强度以后拆模。

使用振动棒的目的是把混凝土填满模板的每个角落以及把空气排出。混凝土没填满浇实的部分一般称为蜂窝（图6.11），需要进行补修。

同一打设部位如需分多次浇筑，浇筑的间隔时间应尽量缩短，经过一定时间以后再浇的话，前后浇筑的混凝土难以混为一体，之间会产生"冷缝"。而设计时计划好的分隔部位称为"分接缝"，对其表面应先做适当的处理，再浇筑下一段混凝土。

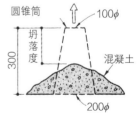

图6.10　坦落度

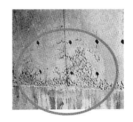

图6.11　混凝土的蜂窝

6.2 结构构法

6.2.1 剪力墙结构

剪力墙结构是钢筋混凝土结构的一种常用的结构形式，结构体主要由墙和板构成，不需要柱和梁。由于每隔一段距离需要配置剪力墙（承重墙），所以不适于建造大空间的建筑，而适合于集合住宅，一般限于5层以下，其优点是在室内没有柱梁的突出。

在依照《建筑基准法施行令》而制定的告示里，规定了剪力墙结构的单位面积所需要的墙的长度、墙的厚度以及配筋要点等。

作为剪力墙结构的一种扩张板，在建筑物的长边方向采用扁柱和扁梁构成的框架结构，而短边方向采用纯剪力墙的结构形式称为"墙式框架结构"。

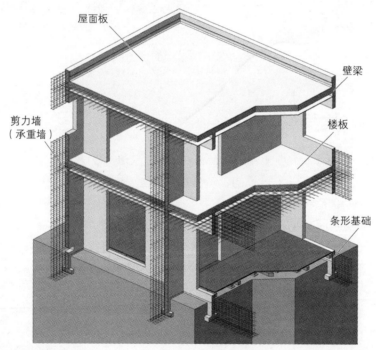

屋面板

壁梁

剪力墙
（承重墙）

楼板

条形基础

图6.12 剪力墙结构

6.2.2 框架结构

（1）构法概要

框架结构是通过柱与梁的刚接而形成既承重也能抵御水平力的结构体，因为主要的构件是刚接的柱和梁，所以称为框架，而前述的剪力墙结构虽然不叫框架，但墙板与楼板也是刚接的。

框架结构一般适合于6～7层的建筑物，柱与柱之间的经济跨度是6～8m，适合的用途有学校与中

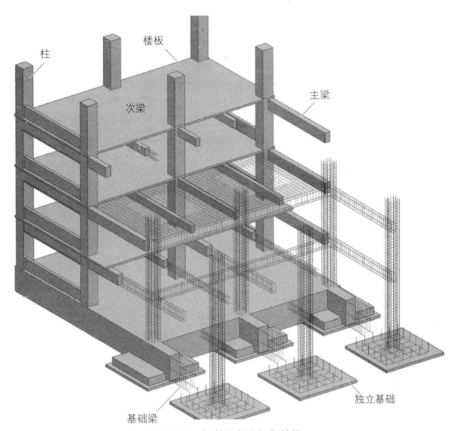

图6.13 钢筋混凝土框架结构

小规模的办公楼等。近年，也有使用高强度混凝土建设超高层建筑的例子。

（2）梁

1．箍筋

箍筋是与主筋直角方向、以一定的间距箍绑梁体的钢筋，它的作用是防止混凝土的开裂，改善混凝土构件的韧性。

2．有墙的梁

建筑物外周的梁，往往与外墙、扶手墙以及其他间墙与梁浇筑成一体，此时应考虑至梁的刚度与强度设计中。

3．端部牛腿

在应力最大的梁的刚接的端部，为了提高该部位的强度而向端部斜着增大梁的截面。从理论上说是一种非常合理的构法，但是配筋和模板工程都比较麻烦，室内装修也需要特别处理，因此现在不常采用。

（3）柱

1．箍筋

与梁一样，柱也需要配箍筋，作用是防止柱承受水平力时的剪切开裂、约束主筋的屈曲、约束混

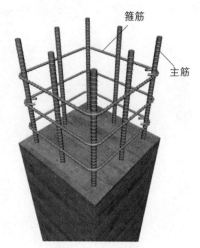

图6.14 梁的配筋 图6.15 柱的配筋

凝土受压时的横向膨胀等。现在也经常采用螺旋箍筋。

2. 主筋

柱的主筋一般左右对称配筋，以防现场混乱出错。上下柱的钢筋接头一般采用对焊，也可以采用套管接头。如使用套管接头可不用焊接，既安全也不受气候影响，质量也容易保证，但是套管的直径比钢筋粗，为此要增大钢筋的间距，还要注意确保套管的保护层厚度。

6.2.3 预应力混凝土结构、无梁楼板结构

（1）预应力混凝土结构

预应力混凝土结构（PC结构）是对混凝土构件的受拉部分预先施加压力的构法，由此可以缩小混凝土构件的截面，减少受载时的变形和避免开裂，一般用于大跨度、大荷载的建筑物。

按对混凝土构件施压的工序，分为两种类型。

1. 先张法

浇混凝土之前预先对预应力钢材进行张拉，混凝土硬化脱模时放松，由此在混凝土构件内产生压力。

2. 后张法

浇混凝土之前在构件指定位置预埋套管，混凝土构件硬化脱模以后，在套管内插入预应力钢材进行张拉，两端用锚具固定，由此向构件施加压力。

（2）无梁楼板

无梁楼板是由柱直接支撑楼板的构法，由于省去了梁，使用和施工都方便。但是抗震性变得薄弱，在日本采用时一般都考虑配置剪力墙。

原理上，是把梁和板合为一体，楼板厚度比有梁的结构厚，为了减轻楼板，可以考虑同时采用预应力结构。

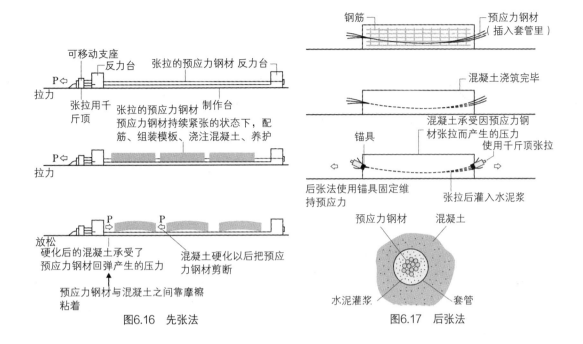

图6.16 先张法

图6.17 后张法

6.2.4 其他结构

（1）薄壳结构、折板结构

曲面的薄壳结构可以把建筑物的重量转化为面内应力处理，因此可以构筑没有柱的大空间，一般以采用钢筋混凝土居多，但也有使用钢材的。

折板结构有屏风型或稍微复杂一点的折纸型，原理是把平板折叠以后增加了截面的高度，可以提高板的刚度，实现更大的跨度。也有把曲面薄壳分为多块平板进行组装的，性质类似于薄壳结构。

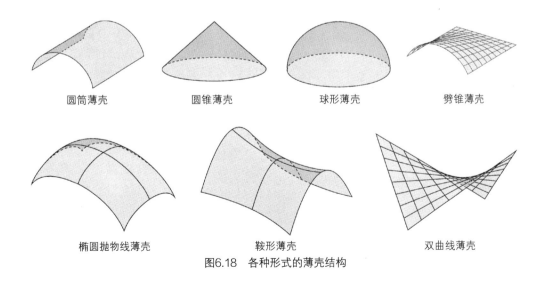

图6.18 各种形式的薄壳结构

图6.19 双曲线薄壳结构（霍奇米尔科饭店）

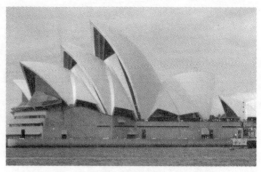

图6.20 多球形薄壳结构（悉尼歌剧院）

（2）超高层的RC结构

一般的RC结构只适合于中低层建筑物，而使用高强度混凝土和高强度钢筋可以建造超高层的建筑物，这常被称为**超高层RC结构**。高强度混凝土的设计基准强度一般在36N/mm^{2}以上，远远超过常用的24N/mm^2。

超高层RC结构是在1970年代开始开发的，现已成为建设超高层集合住宅的最为一般的构法。一般由各大建筑公司自主开发，具体上有所不同。有在地面上预扎钢筋笼，吊装到使用部位再现浇混凝土的；也有采用预制混凝土构件，现场只浇接头的混凝土的。

图6.21 超高层RC结构

6.3 **屋面构法**

6.3.1 沥青防水的屋面构法

（1）防水层

沥青防水是把屋面布（在无纺织布里渗满沥青的材料）与熔融状态的沥青相互重叠的构法，其可信赖性高于其他的防水构法。如为上人屋顶，需要在其上浇一层保护混凝土，每隔3m设伸缩缝，防止热胀冷缩撕裂防水层。如屋面同时设置保温层，按图6.22所示的方法施工。另外，在弯角部为了保险，应多贴几层以增加防水层厚度。

变质沥青防水是使用变质沥青（加入高分子聚合物、天然沥青等对石油沥青的性质进行改善）的布材铺设的构法。一般使用火炬把布材的表面加热熔化进行张贴，也有粘结力较强的布材可以在常温下张贴。变质沥青防水在欧洲很普遍，日本是进入1990年代制定有关标准后开始普及。

平屋顶的四周为了防水层的收口一般设置女儿墙。防水层自身的性能再好，如在端部细缝有渗水，也起不了防水效果，所以端部不能暴露，不能被雨淋到，也不能让屋面的雨水淹过防水层的端口。为此在女儿墙顶部做挡盖，或使用别的挡盖把防水层的端部盖起来。

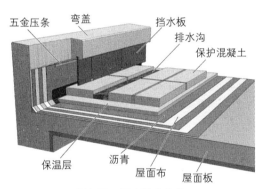

图6.22　沥青防水构法

图6.23　使用火炬的变质沥青防水构法

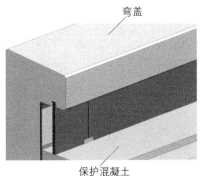

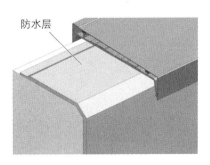

图6.24　女儿墙

平屋顶通常做1/100 ~ 1/150的放坡，排走屋顶雨水，在放坡最低处设置落水管地漏。地漏通常要在屋面板和防水层开洞设置，周围是防水的弱点，应采取增厚防水层等特别措施。

图6.25 落水管地漏

6.3.2 防水膜屋面构法

防水膜屋面构法使用合成高分子薄膜，用胶水粘结或用五金件连接。与沥青防水不同的是，这种构法通常只使用单层的、厚1 ~ 2mm的合成高分子薄膜作为防水层。

6.3.3 不锈钢防水屋面构法

不锈钢防水是把长条的不锈钢板铺设在平屋顶上，通过竖扣连接。除了不锈钢，还可以使用锌板。

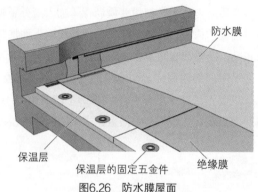

图6.26 防水膜屋面

6.3.4 涂膜防水

涂膜防水是使用液体材料涂布形成防水层，使用的材料有聚氨酯橡胶、橡胶沥青等。

图6.27 不锈钢防水

6.4 外墙构法

6.4.1 混凝土清水墙构法

混凝土外墙的装饰有各种各样的构法，其中把混凝土面外露作为装饰的构法称为混凝土清水墙。

浇筑混凝土清水墙需要使用清水墙专用模板。

把混凝土的素材外露作为建筑的外观是一种建筑设计的意图，可以表现素材的纯朴感，也较为容易浇筑建筑师喜欢的锐角的墙角。但是，把结构体外露需要充分考虑其耐久性以及采取必要的措施，例如在表面做必要的涂层等。

此外，还有把混凝土表面斫成凹凸形状作为装饰面的构法。

图6.28 混凝土清水墙例

6.4.2 喷涂构法

喷涂构法是喷涂合成树脂涂料或水泥砂浆，其特点是表面可以做出各种模样。

6.4.3 瓷砖贴面构法

贴瓷砖是为了保护墙壁，也是为了追求模拟砖墙的设计效果。用于外墙的瓷砖大小一般是以砖的规格为基础决定的。

贴瓷砖标准的构法是用水泥砂浆粘贴。为了提高粘结力，瓷砖背面设有凹凸的"砖脚"，砖脚还做成有利于勾结砂浆的形状。近年，为了防止砂浆的开裂导致瓷砖脱落，还在砂浆里加入网状的材料加固。

薄喷涂墙面（砂面）

厚喷涂墙面（压面）

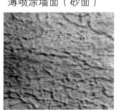
薄喷涂墙面（波面）

复层喷涂墙面（橙皮面）

图6.29 喷涂墙面的各种模样

贴瓷砖的部位不单是平面，转角部位也得贴，且使用的不是普通平面瓷砖，而是专用的转角瓷砖。在日本，特殊部位一般都有专用的辅助产品，除了瓷砖以外，其他内外墙贴面材料都配套了这些材料。

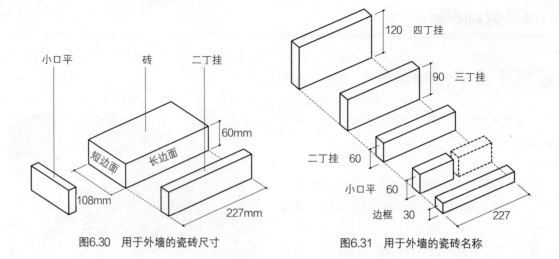

图6.30 用于外墙的瓷砖尺寸

图6.31 用于外墙的瓷砖名称

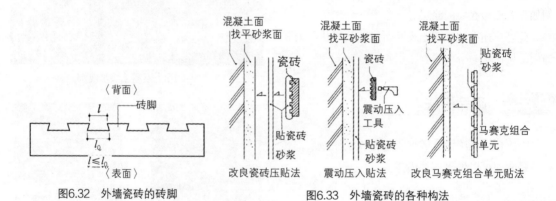

图6.32 外墙瓷砖的砖脚

图6.33 外墙瓷砖的各种构法

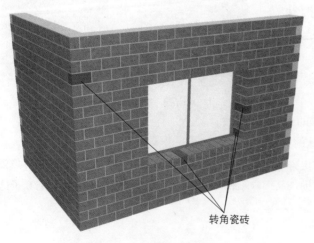

图6.34 转角瓷砖的使用方法

图6.35 转角瓷砖

6.4.4 | **其他的外墙构法**

　　石板贴面使用花岗岩、砂岩等。现在一般采用干式构法张贴，在石板的侧面开小孔，孔里插入金属塞杆，再用五金件固定在混凝土墙上。

　　虽然较少采用，但也有湿式构法。同样使用金属塞杆，通过拉杆连在钢筋上，在混凝土墙面浇筑砂浆。这样的构法需要使用比干式构法更厚的石板，石板厚度较薄时不宜采用。

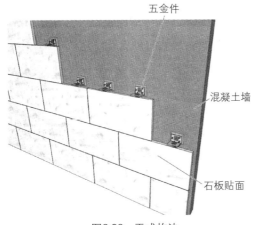

图6.36　干式构法

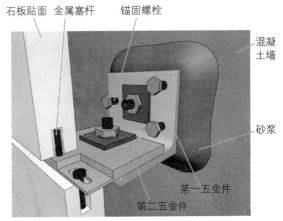

图6.37　干式构法的安装五金件

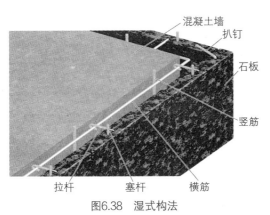

图6.38　湿式构法

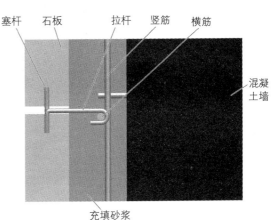

图6.39　湿式构法的连接

6.5 内装修构法

6.5.1 集合住宅的楼板构法

本节主要介绍适用于集合住宅的楼板构法。对于办公室用途的钢筋混凝土结构楼板，基本与钢结构类似，可以参照第5章的内容。

对冲击声的对策

对于集合住宅的建筑物来说，隔声是重要的要求性能。人走动以及物体掉落所产生的声音称为冲击声，具体还可以分为**重量冲击声和轻量冲击声**，轻量冲击声可以通过缓冲材料来减轻，重量冲击音则要靠楼板的厚度来隔除。为此，以前多采用150～180mm的楼板厚度，近年为了提高隔声性能一般都加厚到200mm以上。

地板装修

1980年代以前，集合住宅都以铺地毯为主，后来因为生扁虱以及尘埃过敏等成了社会问题，现在普遍采用木地板。很多集合住宅还有铺榻榻米地板的日式房间，所使用的榻榻米芯不是稻草，而是软质纤维板或挤塑聚苯乙烯泡沫板等，而且很多是没有边缘的全面榻榻米。

木地板

木地板有实木的单层地板与胶合木的多层地板。现在的主流是使用胶合木的多层地板，不是一块一块地贴，而是带有分割模样的大块板材。还有带复合功能的合成地板，背面是缓冲材料，表面是木地板，有利于隔除冲击声。

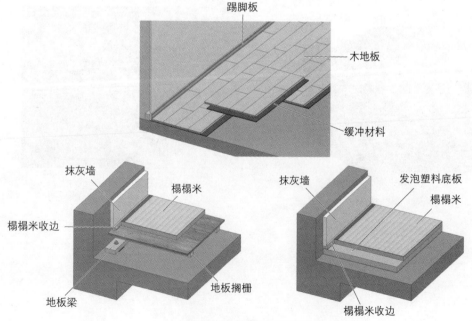

图6.40 各种楼板面装修构法

榻榻米

　　在钢筋混凝土楼板上铺榻榻米的构法有：先在楼板上铺发泡塑料板作为底板，再铺榻榻米。或者在楼板上先架木龙骨（包括底梁、搁栅和底板）再铺榻榻米。

6.5.2 集合住宅的顶棚构法

直贴顶棚、石膏板顶棚

　　对于西式房间的顶棚，有直接在钢筋混凝土楼板的底面贴墙纸的构法，也有先设龙骨贴石膏板再贴墙纸的构法。龙骨有木结构的，也有轻钢结构的，为了减少吊顶深度来保证室内的有效高度，通常把第一道龙骨直接装在钢筋混凝土楼板的底面。

拼板顶棚

　　日式房间的顶棚，一般采用表面印有木纹的天花板，把接缝外露进行拼板铺贴。吊杆和龙骨一般都采用木材，由预埋在楼板里的螺栓通过五金件进行连接。图例可参照3.6.3。

6.5.3 集合住宅的内墙构法

　　集合住宅的内墙与顶棚构法一样，有采用木龙骨和轻钢龙骨两种构法。一般在龙骨上贴石膏板或胶合板，然后贴墙纸而成。

木龙骨的内墙

　　如果在混凝土墙的内侧做内墙的话，先在混凝土墙面贴木块，然后以木块为基底装木龙骨，贴面材。如果做间墙的话，上下安装底梁作为基底，然后装龙骨和贴面材。

　　适宜于做基底的面材有胶合板、硬质纤维板、石膏板、纤维强化水泥板等。不适宜的材料则是木毛水泥板和硬质木片水泥板。

　　面材上贴墙纸时，往往在接缝的地方会发生不平整，需要把两边加工成锥口，抹平后再贴墙纸。具体可参照第4章图4.10。对面材的钉口也应做同样的处理。

　　墙纸有许多种类，现在使用的一般是聚氧乙烯制品，通过印刷和压纹可以做出各种模样。

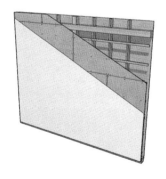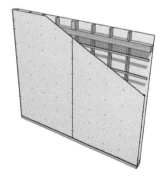

图6.41　木龙骨的内墙

此外还有纸制的，对其表面都做防水加工。以前还有用过布制的墙纸，但现在已经很少见了。

轻钢龙骨的内墙

用轻钢做龙骨的内墙构法基本与钢结构的内墙相同，可以参照第5章的内容。

6.5.4 | 其他内墙构法

以前还有不设龙骨的内墙构法，现在已很少采用。具体如图6.42所示，在混凝土墙面按一定的间隔粘上特殊的砂浆团，以此粘贴石膏板。

图6.43是对旧房改造时，把内墙拆掉以后的样子，可以清楚地看到砂浆团贴墙构法留下的痕迹。

在集合住宅或办公楼的大堂里经常有石板的贴面，采用的是五金件固定的干式构法或使用粘合剂的粘合构法。

厨房等用水部位的内墙是先在龙骨上贴防水胶合板，然后钉金属网，涂砂浆，再在其上贴瓷砖。

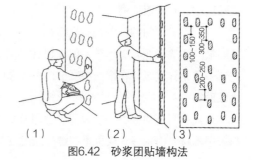

（1）　　　（2）　　　（3）

图6.42 砂浆团贴墙构法

图6.43 旧建筑里留下的砂浆团贴墙构法的痕迹

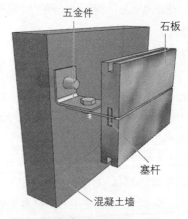

图6.44 内墙石板贴面的干式构法

第 7 章

其他非木结构构法

在本章，将介绍日本常用的木结构、钢结构、钢筋混凝土结构以外的构法的种类和原理。学习要点如下：

（1）预制混凝土结构是由在工厂预制的混凝土构件，在现场进行组装连接而成的。它能发挥工业化生产的优势，但必须注意确保构件之间连接部的性能。

（2）钢骨钢筋混凝土结构是日本独自开发和发展的结构形式，各部分都有合理的详细设计，使其能同时发挥出钢结构和钢筋混凝土结构的特长。

（3）钢管混凝土结构是新的结构形式，与钢筋混凝土结构一样，目的是为了让钢材与混凝土互相取长补短。

（4）与木结构、钢结构、钢筋混凝土结构等单一结构形式不同，混合结构使用两种以上的材料或结构，通过适材适用提高结构体的效果和效率。

7.1 预制混凝土结构

7.1.1 概要

现浇钢筋混凝土的施工方法是在柱、梁、墙、楼地板、屋面等指定位置支模板、配筋、浇筑混凝土，养护后拆除模板。与此相对，预制混凝土是在所定位置以外的地方（工厂），预先通过配筋、浇筑混凝土、养护、脱模等工序制作构件，再将其安装到指定位置。预制混凝土的英语是Precast Concrete，因此在建筑界一般用"PC"或"PCa"来标记，然而"PC"同时也是预应力混凝土（Prestressed Concrete）的简称，近来为避免混乱多使用"PCa"这一缩写。在钢筋混凝土结构的建筑物中，主要的结构部位采用预制混凝土的称为"预制混凝土结构"。

钢筋混凝土是法国人在19世纪中叶发明的，发明之后并非立即应用于建筑，而是首先用于造船和制作花盆等。船和花盆都不是像建筑一样固定在地上，因此其制作自然不能称为现浇，与预制混凝土是相同的制造方法。钢筋混凝土在建筑上的应用从20世纪初期开始普及，这从钢筋混凝土建筑的先驱建筑师奥古斯特·佩雷（法国）的作品中也能够看到，当时已经有在结构体上使用预制混凝土构件的先例。在以砌体结构为主的欧美，混凝土往往被作为砖石材的替代品，因而相对更容易接受预制混凝土结构。

而在日本的发展历程有所不同：曾经模仿欧美建造的砌体结构建筑，在1923年的关东大地震中遭受了极大的破坏，从那之后开始普及钢筋混凝土结构，而采用的是较容易保证结构整体性的现浇混凝土。因此，预制混凝土结构真正的实用化是在1960年代，伴随着对住宅的大量需求才逐渐开始（图7.1）。

预制混凝土构件的生产，可以在专门的构件工厂进行（图7.2），也可以在设置于施工现场内的临时工厂进行。

预制混凝土是把结构体分割为构件，在建设现场以外的工厂预先进行制造，属于工业化生产行为。为了区别，通常把在建设现场的临时工厂中的预制称为"现场预制"。

图7.1 1960年代初的PCa剪力墙结构的施工
（照片出自内田祥哉先生的收藏资料）

图7.2 PCa剪力墙结构的构件工厂

与现浇混凝土结构相比，预制混凝土结构具有与其他工业生产相同的优点：易于确保不受气候环境影响的稳定的工作环境，有利于建筑施工的机械化与合理化发展，有利于质量管理，对施工现场则起到省时省力的效果。

另一方面，由于预制混凝土结构是将已经硬化了的构件在现场进行安装连接，因此必须确保接合部的应力传递等结构性能、水密性能和隔声性能等达到设计要求。

7.1.2 │ 预制混凝土剪力墙结构

预制混凝土结构是钢筋混凝土结构的一种，与现浇混凝土结构一样，可以采用剪力墙结构、框架结构等。

1960年代初，预制混凝土结构的普及是以中层集合住宅为中心展开的，采取的结构形式是剪力墙结构，将墙、板、屋面等分割为板状构件，在工厂预制后运入施工现场组装连接成为结构体（图7.3）。

关于墙板与墙板之间的垂直接缝的连接方法，一般是在各板的侧面设置称为"抗剪键"的凹槽，凹槽中预留出钢筋（栓筋），将相邻板之间的钢筋相互焊接以后，再浇混凝土充填接缝（图7.4）。

上下墙板的连接过去的一般方法是，上下的板内各设预埋钢板，在上下预埋钢板的侧面再加连接钢板相互焊接，然后再以混凝土封口。现在采用的是更有利于应力传递的方式，在上侧墙板的下部设置套筒，上下的钢筋在套筒内直接对接（套筒接头）（图7.5）。

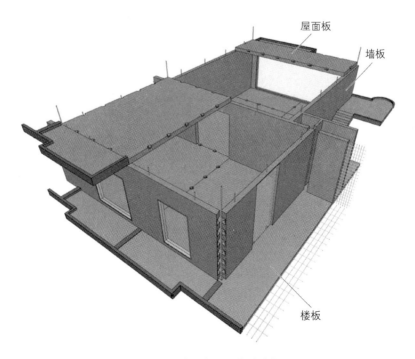

图7.3　预制混凝土剪力墙结构

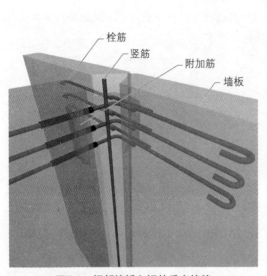

图7.4 相邻墙板之间的垂直接缝

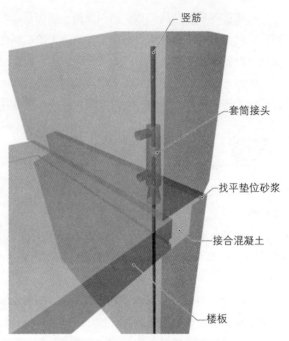

图7.5 上下墙板之间的水平接缝

楼板与楼板之间的接缝与墙板相似，也是各板的侧面设置"抗剪锲"的凹槽，凹槽中预留出钢筋（栓筋），相邻板之间的钢筋可以直接搭接焊接，也可以另加连接钢筋焊接，然后用混凝土封口（图7.6）。

7.1.3 预制混凝土框架结构

在框架结构中，柱、梁、剪力墙、楼地板均采用预制混凝土。

上下柱子之间的主筋，采用与预制剪力墙结构同样的套筒接头。梁则是"下部预制上部箍筋露出"的半预制状态运到施工现场吊装，

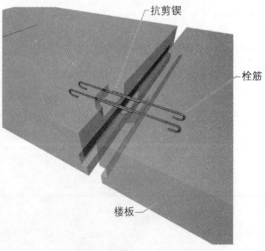

图7.6 楼板之间的接缝

上端钢筋在现场连续配筋，下端则预留弯曲钢筋在接头锚固，接头采用现浇混凝土充填。

对于楼板，考虑到与梁的上部连接的整体性以及确保上下层之间的隔声性能的要求，一般不采用全厚度的实心预制混凝土板。通常下部采用预制混凝土薄板兼做模板，中间是空心层，在其上进行配筋，然后再浇筑混凝土成为完整的楼板（图7.8）。

类似于楼板的半预制混凝土方式也经常运用在梁和柱上，箍筋与外周混凝土采用预制可以省略现

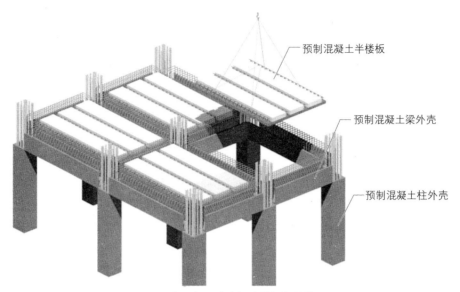

图7.7　采用预制混凝土外壳构件的框架结构

场模板和减轻配筋的工作量，这样的构件被称为"预制混凝土外壳"（图7.7，图7.8，图7.9）。

使用预制混凝土外壳构件的构法，与各部位均采用实心的预制混凝土构件相比，其构件的重量较轻，可以减轻施工现场的吊机负担，主筋可以在现场合理地配筋和连接。比起一般的现浇混凝土构法则可省略或减少模板工程。

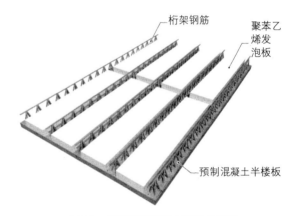

图7.8　采用预制混凝土薄板的楼板

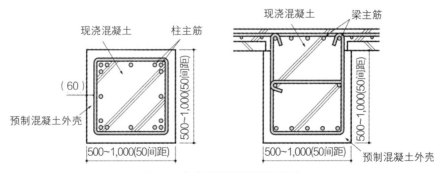

图7.9　柱和梁的预制混凝土外壳

7.2 **钢骨钢筋混凝土结构**

7.2.1 | 概要

在钢结构框架的四周再以钢筋混凝土包裹，形成外面是钢筋混凝土、里面包含着钢骨的梁柱框架结构，被称为"钢骨钢筋混凝土结构"（日本称为SRC结构）。若用钢量较大、钢骨所占结构性能的成分大，性质上接近于钢结构，反之，用钢量少则接近钢筋混凝土结构。

1923年竣工的日本兴业银行（结构设计为内藤多仲先生），为提高钢结构的耐火性能和防锈性能，防止钢材屈曲等，首次采用了这种结构，同时结合了此前没有采用过的剪力墙。这座建筑在关东大地震中呈现了良好的抗震性能，开始让人们认识到对于地震多发国日本的钢骨钢筋混凝土结构的优越性，其后制定了结构规范，从此得到发展和普及。

特别在1960年代以后，日本废除了31m的建筑高度限制，随着超高层建筑的出现，下层为钢骨钢筋混凝土结构、上层为钢结构的方式得到普遍采用。此后，在高层住宅的普及中，尽管大多数采用钢筋混凝土结构，也有不少采用了钢骨钢筋混凝土结构。

近年来，随着高强度混凝土的出现和结构设计技术的进步，高层、超高层建筑中采用钢筋混凝土结构也成为了可能，钢骨钢筋混凝土结构正逐渐失去其优越的地位。

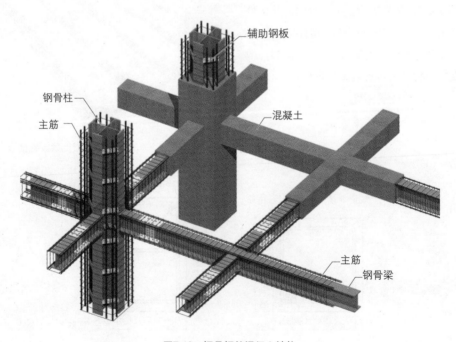

图7.10　钢骨钢筋混凝土结构

7.2.2 | 材料与设计方法

钢骨钢筋混凝土结构中使用的钢材、钢筋、混凝土，基本上与钢结构、钢筋混凝土结构中使用的材料一样。

钢骨钢筋混凝土结构设计通常采用"累加强度设计法"，也就是将钢结构与钢筋混凝土结构各自的抗弯强度、抗剪强度累加起来作为结构体的强度。理由是钢骨与混凝土之间的附着程度较小，变形是各自独立的。但是，如果钢材用量较少，可以把钢骨置换为钢筋混凝土进行结构计算。相反，若钢骨占的比例大，也可以将钢筋混凝土置换为钢骨，作为钢结构进行结构计算。

7.2.3 | 结构构法

钢骨钢筋混凝土结构中通常不是封闭截面的钢管，而是开放截面的钢材。梁一般采用H型钢，或者是用型钢组装而成的格子梁。

柱有时也采用H型钢，但由于H型钢有强轴和弱轴的性能差，通常使用的是十字形截面或T形截面的钢材，也可以是用型钢组装的格子柱。

钢骨与钢筋混凝土各自独立，因此连接需各自完成。钢骨的连接采用螺栓连接或者焊接。钢筋混凝土的钢筋配置在钢骨周围，确保接头强度或锚固长度，如果与钢骨交错，可以在钢骨上钻孔穿过。

7.2.4 | 内装修与设备

钢骨钢筋混凝土结构完成后，外观上与钢筋混凝土结构是一样的，内装修与设备的构法也与钢筋混凝土结构基本相同。

但是，当设备配管需要贯穿结构体时，有必要事先在钢骨和钢筋混凝土都预留孔洞，设计阶段须考虑周详。

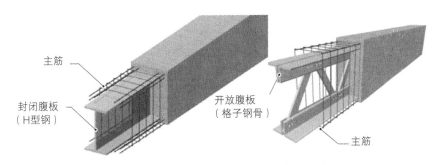

图7.11　梁（左为H型钢梁，右为格子梁）

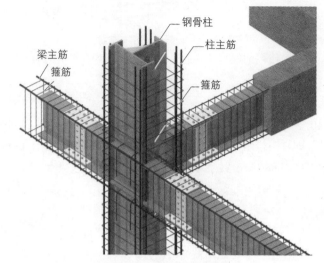

图7.12　柱梁的交接部

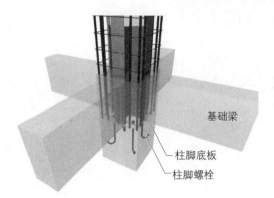

图7.13　柱脚

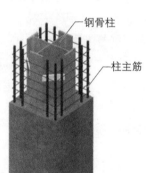

图7.14　使用十字钢骨的柱

7.3 钢管混凝土结构

7.3.1 概要

　　钢管混凝土结构（CFT）是在钢管柱内部填充混凝土，目的是实现比一般的钢结构和钢筋混凝土结构更高的结构性能和防火性能。

　　钢骨钢筋混凝土结构是把高强度和高刚度的钢骨设置在混凝土的里面，而钢管混凝土结构则是位于构件的最外缘，更有利于提高结构性能。填充的混凝土与钢管相互约束形成整体性，混凝土可以抑制钢材的弯曲，钢材又起到抑制混凝土的径向变形的作用，双方的承载力都得到提高。还有，填充混凝土既不需要模板也不需要配筋，外侧也不需要保护层，能够减小柱的尺寸且外表光滑平整。

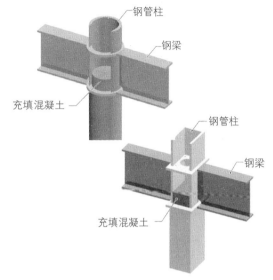

钢管柱
钢梁
充填混凝土

钢管柱
钢梁
充填混凝土

图7.15　CFT结构的柱

图7.16　CFT结构的建筑（日产汽车全球总部大厦）

7.4 混合结构

7.4.1 概要

混合结构在广义上是指用两种以上材料组成的结构方式。根据混合程度的不同，可大致作如下分类：

① 材料的混合

用两种以上材料组成柱、梁等构件的结构方式。包含钢骨钢筋混凝土结构，钢管混凝土结构，钢材与胶合木的复合梁，梁柱通过五金件连接而成的木结构以及大规模胶合木结构，由钢材受拉、胶合木受压的桁架结构，等等。

② 结构类型的混合

建筑物的结构体由两种以上结构类型组成。例如，柱采用钢筋混凝土而梁采用钢梁，木结构建筑物中大跨度的部位采用钢梁，或者上下层采用不同的结构类型，同一层的平面上也可能由不同的结构类型构成，等等。比较常见的有底层采用钢筋混凝土结构而上层采用木结构，核心筒采用钢骨钢筋混凝土结构而周围的梁柱采用钢结构。

在①的混合类型中，除了较为传统的钢骨钢筋混凝土结构和钢管混凝土结构以外，近年来木质材料与钢材的组合也越来越多，木材与五金件并用构成的大截面木结构建筑自1980年代以来得到了普及。②的混合类型则是很早就存在的，称为"混合结构"。

7.4.2 各类案例

材料的混合

钢骨钢筋混凝土结构（参见7.2节）与钢管混凝土结构（参见7.3节），均可称为材料混合结构。通过钢骨与钢筋混凝土的并用，能够实现比纯钢结构更强的结构性能。

此外，也有木材与钢梁形成的混合构件。例如，把胶合木作为H型钢的耐火层使用（图7.17），或者在杉木方材的接头部分采用钢制的球形节点构成立体桁架结构（图7.18）。

图7.17　H型钢与胶合木混合的构件　　图7.18　带钢制球形节点的杉木方材立体桁架

结构的混合

结构类型的混合有，钢梁与钢筋混凝土柱的并用（图7.19）。钢筋混凝土结构虽然具有良好的耐火性能和气密性能，但支模作业费物费时费力，尤其是水平构件。因此，在钢筋混凝土柱上架设钢梁，梁上架设波形钢板，既作为模板也与混凝土结合为整体的楼板，这样可以省略梁和楼板的模板与支撑，实现省力和缩短工期的效果。使用钢梁也可以实现比钢筋混凝土梁更大的跨度，或者在等跨度的情况下减小梁高。

此外，还有木结构与钢筋混凝土结构的混合等实例。图7.20所示为由木桁架与钢筋混凝土墙组成的结构，纯木结构为了抗震需要配置大量的剪力墙，如改为由钢筋混凝土墙承担，则可以实现无墙的大空间。

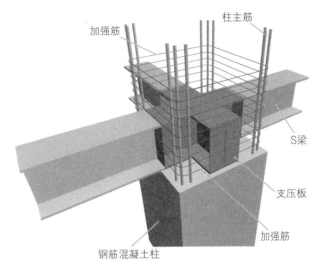

图7.19　钢梁与钢筋混凝土柱的结构

图7.20　木桁架与钢筋混凝土墙组成的结构
（照片由堀内弘治氏提供）

第 *8* 章

建筑构法实例

在本章将列举日本现存的评价较高的9个建筑实例，学习其具有特征的构法。

在这里将各实例的特征构法归纳成简单的标题，使其能成为学习中的理解重点。如果有机会希望读者能进一步对实物进行观摩学习。

建筑构法实例1

【西洋式木结构建筑】富冈制丝厂缫丝车间

设计者：Auguste Bastien

竣工年份：1872年

作为明治政府"殖产兴业"政策推行的一环而建设起来的富冈制丝厂中，最大的建筑物是这座缫丝车间，宽12.3m，高12.1m，长约140m。木结构框架中填充了砖砌的墙体，这一构法被称为"木骨砖结构"。木结构采用了明梁明柱、双木夹梁以及中柱（皇帝柱）桁架等，基本上是西洋式木结构的构法，而木材则用的是日本当地产的松木和杉木。砖的砌法采用源于Flandre地区的"法式砌法"，砖缝用灰泥填充。砖的制造是在法国技术人员的指导下，由日本的砖瓦工烧制的。

木结构屋架

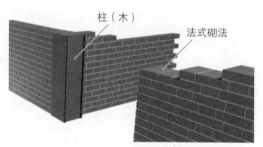

木骨与砖墙细部

全景示意

建筑构法实例2

【茅草屋面民居】白川乡的合掌结构·旧中野义盛家住宅

1858年竣工，1909年失火烧毁后重建，于1969年移建在今日的野外博物馆合掌结构民家园。

这类民居的特征是拥有日常生活和接客的大厅。1层开间方向的柱的间隔大约为1间（约1.8～2.0m），柱与柱之间用3段横木固定，柱的上面架设横枋和横梁。建筑物中央的大厅部分，柱的间隔增大，在柱与柱之间的开口的上方设置较为粗大的中间横木与柱榫接，以此加固结构。同时在位于大厅中央两侧的一对粗大的柱子上，架设了一根被称为"牛木"的大梁，其他梁垂直架设在这根"牛木"之上，通过这种方式来实现无柱的大空间。屋架部分则是以两根为一组的合掌木材在顶点相抵，形成坡度非常陡的屋面，然后在屋面上敷设茅草。大屋顶内部的二层是作为养蚕工作的空间。

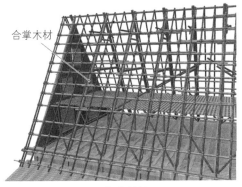

合掌木材

屋架的结构

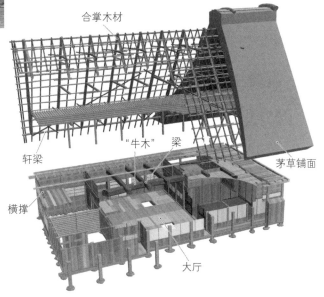

合掌木材

轩梁

"牛木"　梁

茅草铺面

横撑

大厅

全景示意

建筑构法实例3

【混合结构的小住家】轻井泽的山庄

设计者：吉村顺三

竣工年份：1963年

这是吉村给自己设计的小山庄。1层是钢筋混凝土结构的小空间，用途是门厅和家务室。在1层之上，通过大悬挑架设出比1层平面大得多的、正方形平面的大型木结构体，形成了漂浮的建筑效果，是一个设计思想既单纯又大胆的混合结构建筑实例。

二层出挑部分的下方是可以设置暖炉等设备的大型平台。此外，2层配置了起居室、卧室、厨房等内部居住空间和阳台，内部空间和阳台之间是大开口的落地窗，设置了雨窗、纱窗、玻璃窗、纸窗四重窗户，由此形成了优雅舒适的居住环境。

2层的结构体和内外装修都以木材为主。内墙和天花板采用12mm厚的杉木板铺设，板与板之间采用错口拼接。地板采用15mm厚的扁柏木铺设，拼接处采用榫槽接缝。圆木的檩条和扶手使用了当地产的落叶松，外墙和防雨窗套则是12mm厚的杉木板的垂直镶板，采用压条接缝。

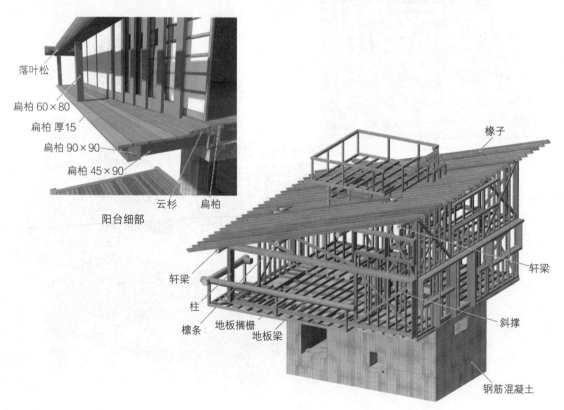

落叶松

扁柏 60×80

扁柏 厚15

扁柏 90×90

扁柏 45×90

云杉　扁柏

阳台细部

橡子

轩梁

柱

檩条　地板搁栅

地板梁

轩梁

斜撑

钢筋混凝土

全景示意（协助者：平尾宽氏）

建筑构法实例4

【厚重的石材贴面外墙】日本生命日比谷大厦

设计者：村野·森建筑事务所

竣工年份：1963年

这是村野藤吾的代表作之一。当时的建筑界正倾向于采用清水混凝土或幕墙等具有现代主义特征的外墙形式，而在这股潮流下，村野采用以石材贴面表现出类似于砖石结构厚重深邃的外观。外墙以及内部大堂的设计，都因反映出村野的建筑观和独特作风而受到注目。1层的柱列支撑着外挑的2层，3层以上部分再次外挑，这两个外挑一反由花岗岩贴面外墙所表现的砖石结构的一般印象，它的实现是借助于钢筋混凝土的悬挑板以及石材的现场湿式铺贴构法。

贴埋了贝壳的大堂顶棚

花岗岩贴面的混凝土外墙

2层的外挑

1层的柱列

外装修全景

建筑构法实例5

【双曲面薄壳结构造型】东京圣玛丽亚大教堂

设计者：丹下健三+都市·建筑设计研究所

竣工年份：1964年

这个钢筋混凝土结构复合双曲面薄壳造型的教堂是丹下健三的代表作之一。双曲面薄壳屋面比较常见，但这座建筑的特征是像布置墙一样竖向布置了8块双曲面薄壳，相互通过大梁进行交接。与荷载以自重为主的双曲面薄壳屋面相比，这一建筑中的双曲面薄壳所承受的主要荷载是风压力和地震力。12cm厚的薄壳边缘设置了边梁，薄壳面上设置了2m间隔的肋条，相邻薄壳的边梁夹在三角形截面的大梁的两侧相互接合，薄壳与薄壳由此交接为整体。外表以不锈钢板饰面，不锈钢板锚固在薄壳的肋条上。

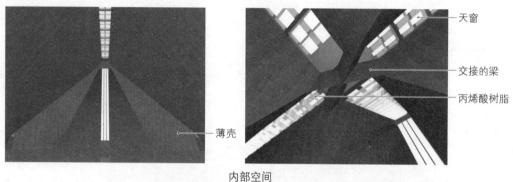

天窗

交接的梁

丙烯酸树脂

薄壳

内部空间

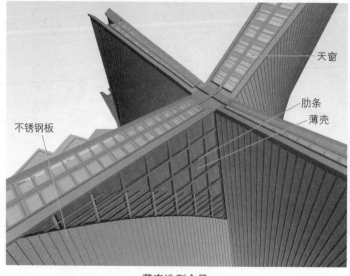

天窗

肋条

薄壳

不锈钢板

薄壳造型全景

【由金属部件构成的多功能外墙】Palace Side大厦

设计者：日建设计（林昌二）

竣工年份：1966年

　　这座办公楼竣工时是全亚洲面积最大的办公楼。2栋长方形平面的建筑物错位布置，错位的两端设置圆形平面的垂直交通筒，通过这种方式缩短了走廊的长度，最大限度地提高了办公室面积使用率。外墙大部分由钢窗框的大玻璃面构成，窗的外侧安装了宽度为1.2m的铸铝水平格栅，既可以遮阳，也可以作为日常维修管理的脚架。每一层的格栅都由竖向雨水管支撑，而每根雨水管上都有接水的漏斗，这些部件和构造给一般都是平坦的办公楼外墙面赋予了精细和洗练的外观，是各部构法在建筑设计中的运用的优良实例。

平面图

铸铝的接水的漏斗

格栅的支座（铸造件）

铸铝的水平格栅

铝制落水管

金属板

钢窗框

外墙构法

建筑构法实例7

【超高层建筑幕墙的典型实例】霞关大厦

设计者：山下寿郎设计事务所

竣工年份：1968年

外观

这是日本最早的超高层办公楼。在超高层建筑领先的美国，以联合国总部大楼为开端，从1950年代开始便在超高层建筑中采用了铝制柱框的幕墙构法，而在日本，则是在31m限高规定废除后建设的这座建筑中，首次实施了适用于超高层建筑的幕墙构法。由于外墙中柱框的间距为3.2m，因此外墙的构成也以这一距离为基本单位。虽然采取了典型的铝质柱框，但通过在其表面覆盖一层不锈钢盖板，避免外观过于单调，提高了建筑立面的气质。

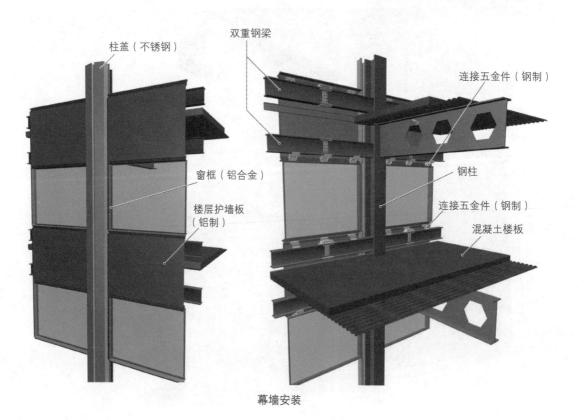

幕墙安装

建筑构法实例8

【为提高耐久性而进行的多次构法改良】熊本县立美术馆

设计者：前川国男建筑设计事务所

竣工年份：1977年

在钢筋混凝土外墙上贴面砖的构法在日本由来已久，其先例可以追溯到日本最初期的钢筋混凝土结构的建筑——三井物产横滨支店（当时由远藤于菟设计，竣工于1911年）。其基本构法是利用砂浆粘贴面砖，但一直没有防止砂浆经年劣化后面砖脱落的有效对策。前川国男于1950年代设计日本相互银行砂町分行时便开始探索防止面砖脱落的方法，尝试将面砖直接嵌入混凝土中。本例便是这种尝试的一个典型。

外观照片（田村诚邦提供）

本建筑采用了400mm×120mm×35mm规格的面砖，背面有突出约15mm的砖脚，用于嵌入混凝土中，同时面砖的四周都有相互咬合的错口。施工时预先把面砖反贴在模板的背面上再浇混凝土，由此实现面砖与混凝土墙的整体化。

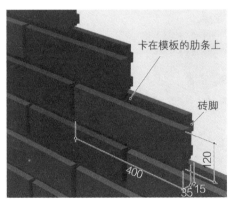

卡在模板的肋条上

砖脚

120

400

35 15

背面带有砖脚的面砖

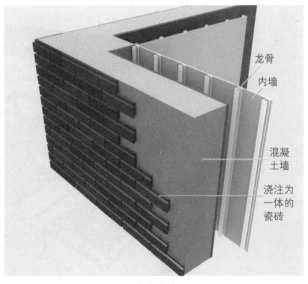

龙骨

内墙

混凝土墙

浇注为一体的瓷砖

外墙构成

建筑构法实例9

【由钢框架结构的单纯箱体构成的住宅体系】积水Heim M1

设计者：大野胜彦，积水化学工业

竣工年份：1970年

这是运用工业化生产技术建造住宅，即所谓"工业化住宅"的一种体系。在工业化住宅中，大多采用将工厂生产的墙板等平面构件在现场进行组装的建造方式，即板式构法。而本例为了实现更高的工厂生产比率，首先制作出钢结构的箱体，外墙、屋顶、内装修、设备等也在工厂内安装完成，现场将这些盒子用螺栓相接，接合部分加以饰面处理即可。从工厂中生产出来的箱体被称为"单元体（Unit）"，其最大尺寸取决于《道路交通法》所允许的范

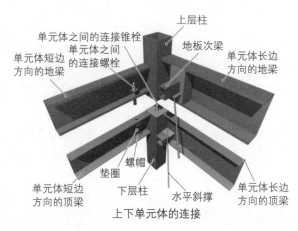

上下单元体的连接

围。各单元体根据其在住宅内的位置以及设计的内容，所要安装的部件和设备都有不同，而大小内容各异、安装工作也千差万别的单元体都在工厂的流水线进行生产。

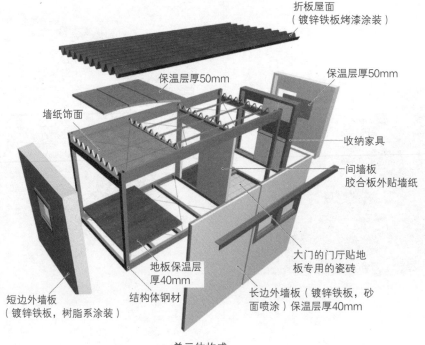

单元体构成